rosenheimer raritäten

Kurt A. Bernecker

Schleifen und Bänder

in zartem Kreuzstich

rosenheimer

Titelbild: Schleife mit Drachen und »Herbst«
Buchrückseite: Tischband mit Hühnern, Schleife mit Gänsepaar

ISBN 3-475-52756-1

Dieses Buch erscheint in der Reihe »Rosenheimer Raritäten« im Rosenheimer Verlagshaus Alfred Förg GmbH & Co. KG, Rosenheim. Alle Aufnahmen besorgte Fotodesign Eugen Mayer, Werbehaus Rosenheim. Die Zählmuster zeichnete Elke Cronauge, Plön. Die Gestaltung des Umschlags führte Ulrich Eichberger, Innsbruck, aus. Die Reproduktionen der Farbbilder fertigte SRG Photogravure in Meylan, Frankreich, die der Zeichnungen ColorLine in Verona. Das Buch wurde gesetzt von Satz-Studio Prechtl, Passau, gedruckt und gebunden bei Haßfurter Tagblatt, Haßfurt.

Vorwort

So alt wie die Menschheit, so alt ist ihr Bestreben, Kleidung unter Verwendung von Zierat zu verschönern. Dazu gehören nicht nur Perlen, Straß und Flitter, sondern vor allem auch Schleifen und durchgeflochtene Bänder. Selbstverständlich waren die so angebrachten Schleifen und Bänder nicht bestickt. Sie wirkten durch ihr Material, ihre Farbe und durch die schöne Bindung der Schleife.

Seit einigen Jahren, in denen der Kreuzstich in nicht erwartetem Maße zu neuer Blüte gelangte, werden auch Bänder zum Auszählen gewebt, die zwangsläufig die Phantasie der Stickerin anregen, Muster und Motive so in neuer Form zu sticken und damit das Heim zu verschönern. Als Geschenk von dauerhaft schmückendem Charakter oder als Verzierung von Kleidung oder anderen Gebrauchstextilien sind sie etwas wirklich Besonderes.

Ich hoffe, daß Ihnen die in diesem Buch wiedergegebenen Muster gefallen und daß es Ihnen in den Fingern juckt, sie schnellstens zu den passenden Gelegenheiten zu verwenden.

Inhalt

Arbeits- und Materialhinweise

Der Kreuzstich

Alle Motive dieses Buches müssen ausgezählt werden. Um mit der immer noch verbreiteten Meinung, auf dem Stoff vorgezeichnete Stickereien seien einfacher zu arbeiten, einmal »aufzuräumen«, sei gesagt, daß es nichts Einfacheres als den ausgezählten Kreuzstich gibt.

Symbole: Jedes Zeichen in der Musterzeichnung bedeutet eine Farbe und auch einen kompletten Kreuzstich. Wenn der verwendete Stoff also fadengerade gewebt ist, entsteht immer eine optimale Wiedergabe der Muster.

Faden und Stoff: Der Kreuzstich für die Muster dieses Buches wird mit einem Faden des Stickgarns über zwei Fäden des Trägerstoffes gestickt. Die Feinheit einiger Entwürfe und die extrem starke Verkleinerung mancher Muster haben es notwendig gemacht, auch halbe Kreuze in Längs- und Querrichtung sowie Steppstiche zu verwenden.

Halbes Kreuz: Wenn Sie also in der Musterzeichnung Symbole finden, die nur das halbe Kästchen ausfüllen (hochkant oder quer), bedeutet dies, daß Sie einen kompletten Kreuzstich ausführen müssen, und zwar bei vertikaler Darstellung über zwei Fäden des Stoffes in der Höhe und einem Faden in der Breite, bei horizontaler Darstellung über zwei Fäden in der Breite und einem Faden in der Höhe.

Steppstich: Der Steppstich wird als »Linienstich« über zwei Fäden oder wie im Muster angegeben gestickt.

Sticktechnik: In aller Regel wird der Kreuzstich im Unterstich von links unten nach rechts oben und im Deckstich von rechts unten nach links oben geführt. Solange man kann, bleibt man dabei in einer Farbe des Garns und führt, soweit dies sinnvoll ist, erst alle Unterstiche in einer Farbe aus und auf dem Rückweg alle Deckstiche. Es ist nicht sinnvoll, mehr als zwei Leerfelder oder Felder mit anderen Farben zu »überspringen«, besonders nicht bei Stickereien auf Gebrauchsmaterialien. Dann müssen Sie einfach das Stickgarn vernähen.

Vernähen: Vor Jahren galt es immer noch als besonders gekonnt, wenn die Rückseite der Stickerei nur gerade Linien zeigte und die vernähten Enden nicht zu sehen waren. Nur sollte man dabei bedenken, daß dieses Aussehen allenfalls zu erzielen ist, wenn in einer Farbe gestickt wird. Bei der hier gezeigten Form der Stickerei läßt dies der häufige Farbwechsel nicht zu. Und *vernähen* sollten Sie das Stickgarn auch nicht mehr durch »Schlingen« um gestickte Fäden. Bei der Beanspruchung durch Waschmaschinen lösen sich solche Vernähungen auf. Führen Sie das zu vernähende Ende unter drei gestickte Querfäden durch, gehen über einen zurück und wieder unter zwei durch. Dann können Sie das Ende ganz kurz abschneiden, es wird sich nicht auflösen.

Anfang: Ach ja, der verflixte Anfang. Es ist so einfach! Halten Sie während der ersten vier Kreuze ein etwa 10 cm langes Stück des Stickfadens fest, fädeln aus, vernähen wie beschrieben, fädeln ein und sticken weiter.

Stickrahmen: Unterschiedliche Meinungen gibt es auch darüber, ob die Stickerei »aus der Hand« oder in einem Stickrahmen ausgeführt werden sollte. Ich empfehle, mit Stickrahmen zu sticken, sofern der Stoff von der Größe her zu spannen ist. Erstens gewöhnt man sich leichter daran, senkrecht zu sticken (gleichmäßigeres Stickbild), zum anderen gleicht sich so die von Tag zu Tag unterschiedliche Zugstärke der Stickhand aus.

Aufbewahren: Und noch ein Wort zum Aufbewahren angefangener Stickereien. Staub und Luftverunreinigungen führen dazu, daß die Stickerei leicht grau oder sogar schmutzig wird. Schlagen Sie daher nach jedem Sticken den freien Stoff über das Stickbild und verwahren Sie die Stickerei in einer Tüte. Und während des Stickens sollten Sie nach einer Weile immer einmal die Hände waschen, somit »färbt« auch der normale Fingerschweiß nicht ab.

Licht: Für gutes Licht sollten Sie bei der feinen Stickerei immer sorgen. Eine 75-Watt-Birne, möglichst Halogen, als Lichtquelle über die Schulter leuchtend, sollte ausreichen. Bei hellem Trägerstoff legen Sie ein dunkles Tuch auf Ihre Knie, die Bindungen sind so besser zu zählen. Sollten Sie lieber jedes Kreuz komplett aussticken wollen, geht das natürlich auch, allerdings benötigen Sie dazu etwa 35 % mehr Stickgarn.

Langjähriges Sticken bringt Erfahrung. Fassen Sie daher meine Ratschläge als Hilfe für die etwas unerfahrenen Stickerinnen und Sticker auf. Vielen von Ihnen werden die Tips eine Selbstverständlichkeit sein.

Das Stickgarn

Für einen Designer sind die Stickgarne so wichtig wie die Farben für den Maler. Farbnuancen und Farbabstufungen verändern jedes Bild. Die verbreitete Unsitte, jedem Entwurf gleich die Umsetzung in alle möglichen anderen Farben, sprich Garne, mitzuliefern, kann nur bedeuten, daß der Grundentwurf des Designers nicht zum Besten verfälscht wird, da keine andere Garnpalette gleiche Farbabstufungen hat.

Ich habe mich für die matten, einfädigen HD-Garne der Uhlenhof-Stickereien entschieden, da sie farblich fein abgestuft in weichen, warmen Tönen hervorragende Entwürfe ermöglichen. Außerdem lassen sie ohne Risiko die Verwendung für Verbrauchsmaterialien zu. Natürlich sind einige wenige andere Garnpaletten – matt und einfädig – auf dem Markt. Wenn Sie also andere Garne verwenden wollen, sollten Sie die Anmerkungen zu den Umsetzungen unbedingt beachten.

HD-Garne von Uhlenhof-Stickereien sind laut Herstellerangabe aus 100% reiner ägyptischer Makobaumwolle, sehr gut gezwirnt, was das Sticken doch sehr erleichtert, und indanthren gefärbt. Das heißt, nach einer ersten Wäsche von 60° C ist das Garn farb- und lichtecht. Da alle in diesem Buch verwendeten Materialien die gleiche Waschtemperatur haben, ist das Garn ideal. Achten Sie daher bei anderen Stickgarnen gleicher Stärke darauf, welche Waschangaben der Hersteller macht. Glänzende, merzerisierte Stickgarne, die mehrfädig verstickt werden, lassen die Stickerei selbst bei größter Farbannäherung in der Umsetzung hart erscheinen. Häufig geht die aquarellähnliche Wirkung des Entwurfs verloren.

Bei der Umsetzung richten Sie sich nach den Farbangaben der HD-Garne auf Seite 71 und nach den in diesem Buch gezeigten Abbildungen. Suchen Sie sich für jede angegebene Farbe die Ihrer Meinung nach passendste Ihres Garns heraus. Legen Sie alle Garne, die Sie ausgewählt haben, nebeneinander und kontrollieren Sie, ob die Farben miteinander harmonieren. Wechseln Sie eventuell die nicht passenden aus. Nur so können Sie erreichen, daß Ihre Umsetzung, wenn schon kein getreues Abbild des Entwurfs, wenigstens in sich harmonisch wirkt. Vermeiden Sie Farbbrüche. Stickereien können bei Farbbrüchen »auseinanderfallen«.

Die Nadel

Als Sticknadel verwenden Sie bitte Nadeln der Größe 24 bis maximal 22 ohne Spitze. Nadeln mit Spitze stechen häufig Gewebefäden an. Die Stickerei wirkt dann unschön. Die Fachgeschäfte führen solche Nadeln auch im Einzelverkauf.

Stoffe und Bänder

Alle Entwürfe in diesem Buch sind auf Leinen, reinem Baumwollgewebe oder Baumwollgewebe in Aidabindung gearbeitet. Bei den Leinensorten habe ich Wert darauf gelegt, daß wirklich nur Leinen mit optimaler, quadratischer Webstruktur verwendet wurde. Das gleiche gilt für die Baumwollgewebe. Nur so ist eine hervorragende Wiedergabe der Muster möglich. Stoffe, die nicht quadratisch (Kette oder Schuß) gewebt sind, verzerren die Stickerei stark. Stickleinen sollte auch immer gut gezwirnte Leinengarne als Grundlage haben, damit die Verflusung beim Sticken wenigstens stark eingeschränkt wird.

Die im Buch verwendeten Reinleinenbänder von Farbe & Form sind hervorragend gezwirnt und haben damit die beste Eignung als hängende Schmuckbänder, zumal sie von vornherein ein großes Eigengewicht haben.

Sofern Aidabänder gezeigt werden, sind diese ebenfalls ein Produkt von Farbe & Form. Aidabänder können aufgrund ihrer Webstruktur (mehrere Fäden nebeneinander kreuzweise gewebt) nur mit ganzen Kreuzen bestickt werden. Sie verlangen daher entsprechende Entwürfe. Ihre Besonderheit liegt in der geraden Abschluß- und Zierkante. Falls sie aufgenäht werden sollen, nähen Sie bitte in den Zwischenraum. Dadurch entfällt das unschöne Hochstehen der Schlingen bei den gleichartigen Aidabändern nach der Wäsche. Die Aidabänder haben in Kante und Zierstreifen eingewebte Uhlenhof-Garne. So war eine ideale Farbabstimmung möglich. Dies gilt natürlich auch für die Reinleinenbänder.

Wenn Sie andere Stoffe und Bänder verwenden wollen, sollten Sie unbedingt eine Stickprobe machen. Prüfen Sie auch die Faserqualität durch »Anreiben« auf Verflusungsgefahr und lassen Sie sich die Zusammensetzung der Stoffe und deren Waschbarkeit erklären. Durch unterschiedlichen Einsprung bei der Wäsche kann Ihre Stickerei verdorben werden.

Die Schrägbänder sind ebenfalls auf die Stickerei farblich und qualitativ abgestimmt.

Ich weiß, wie ärgerlich es ist, wenn man eine Arbeit so ausführen möchte, wie sie gezeigt wird, und man sucht vergeblich die richtigen Materialien. Hin und wieder fehlt auch die Fachberatung und die Kenntnis um diese Form der zeitgemäßen Stickerei. Ich habe daher Wert darauf gelegt, Ihnen genaueste Angaben zu machen.

Zubehör

Für Zubehör, das nicht im breiten Handel erhältlich ist, habe ich die Bezugsquelle angegeben. Bei den verwendeten Bilderrahmen handelt es sich um Produkte von Müller, Kunst & Rahmen, die Sie ebenfalls bestellen können.

Größe und Umrechnung der Vorlagen

Die gewählten Stoffarten und die vorgegebenen Muster bestimmen die Größe jeder Stickerei. Für die meisten Muster dieses Buches wurde Stickleinen mit 11 Fäden je Zentimeter gewählt, um eine ideale Wirkung zu erzielen. Das Leinen wird nicht gänzlich abgedeckt und so die Leichtigkeit der Stickentwürfe noch unterstrichen.

Ausgehend von diesem Leinen und der Tatsache, daß über zwei Fäden gestickt wird, ergeben sich 6 Kreuze je Zentimeter. Um die Höhe und Breite eines Stickmusters festzustellen, müssen Sie also alle gezeichneten Kästchen in der Höhe und Breite auf einer Linie auszählen. Falls Sie Leinen mit 12 Fäden verwenden, teilen Sie die Summe jeweils durch sechs und erhalten so die zu stickende Höhe und Breite.

Geben Sie bei der Stoffgröße genügend Stoff zu. Nichts ist schlimmer, als einige Zentimeter an Stoff zu sparen und dann mit der Rahmung nicht hinzukommen. Und sticken Sie immer von der Mitte aus! Falten Sie Ihren Stoff zweimal, kniffen die Mitte ein wenig an und beginnen dort mit der Farbe zu sticken, die in der Mitte der Musterzeichnung (Pfeile!) angegeben ist. Dann kann nichts schiefgehen.

Falls Sie anderen Stoff verwenden wollen, stellen Sie die Anzahl der Fäden je Zentimeter fest und rechnen sich so die Größe aus:

Beispiel: Anzahl der gezeichneten Kästchen in Höhe und Breite: 118 x 92

Stoff mit 10 Fäden/cm	12 Fäden/cm	14 Fäden/cm
: 5	: 6	: 7
23,6 x 18,4 cm	19,7 x 15,3 cm	16,9 x 13,1 cm

Daraus folgt, je weniger Fäden pro Zentimeter, um so größer das Motiv und umgekehrt.

Es empfiehlt sich nicht, Stoff mit mehr als 14 Fäden/cm zu verwenden, der Kreuzstich wirkt dann zu dick. Das gleiche gilt für Stoff mit weniger als 9 Fäden/cm, hier wirkt der Stoff zu durchscheinend. Allerdings kann man bei gröberen Stoffen mit zwei Fäden sticken.

Aufbereitung und Wäsche

Nach Beendigung der Stickerei sprühen Sie diese, wenn sie gerahmt werden soll, rückseitig mit einer guten Reissprühstärke ohne chemische Beimittel ein und bügeln sie auf einer weichen Unterlage von der Rückseite trocken. Die Bildseite sollten Sie nur auf den freien Stoffflächen bügeln.

Sollte Waschen notwendig sein, oder weil es Gebrauchsartikel sind, müssen Sie die Stickerei beim ersten Mal mit 60° C unter eventueller Verwendung von Waschmitteln ohne optische Aufheller waschen. Dann sind die Farben fixiert. Danach ist von Kaltwäsche bis Kochen – sofern es das Trägermaterial zuläßt – jede Waschart möglich.

Bei Rahmungen verwenden Sie niemals Mattglas. Die Stickerei würde verwaschen wirken. Gerahmte Stickerei sollten Sie in jedem Fall mit Glas schützen, damit unsere »angereicherte« Luft Ihre wertvolle Arbeit nicht zu früh ergrauen läßt. Und setzen Sie sie nie direktem Sonnenlicht aus, sofern die Stickerei nicht vorher fixiert wurde, sie bleicht aus.

Die Muster

Alle in diesem Buch gezeigten Muster sind auf den Seiten 76-80 einzeln aufgeführt. Die Entwürfe sind von dem Designer den Gelegenheiten zugeordnet worden, von denen er glaubte, daß sie besonders zutreffend wären. Der Stickerin oder dem Sticker bleibt es überlassen, nach eigenem Gutdünken die Muster zu verwenden oder durch entsprechende Schriftzüge oder Buchstaben andere Widmungen zu erzielen. Natürlich sind auch weitere Verwendungsmöglichkeiten gegeben. Als kleine Bilder gerahmt oder als Endlosmuster auf einer besonders prächtigen Tischdecke sind sie mindestens so dekorativ wie als Band.

Von besonderer Wichtigkeit erscheint mir der Hinweis, daß bei der Auswahl der benötigten Bänder die Breite und die Zierkante zutreffen. Daher sollten sie das gewählte Muster auszählen und erst dann nach dem geeigneten Band suchen. Da häufig nur eine ungenügende Auswahl im Fachgeschäft gegeben ist, die Bänder zu schmal sind oder andere Randfarben oder Randmuster haben, wurde besonderer Wert auf genaue Materialangaben gelegt. So können Sie problemlos das Ergebnis erzielen, das in diesem Buch gezeigt wird.

Stickanleitung

Waagrechte Reihe: Die Hinreihe bildet die Unterstiche, die Rückreihe die Deckstiche.

Senkrechte Reihe: Die Aufwärtsreihe bildet die Unterstiche, die Abwärtsreihe die Deckstiche.

Beim *dreiviertel Kreuz* (links) wird der erste Stich nur bis zur Kreuzmitte geführt. Ein *halbes Kreuz* läuft bei vertikaler Ausführung (Mitte) über zwei Fäden in der Höhe und einem Faden in der Breite, bei horizontaler Ausführung (rechts) über zwei Fäden in der Breite und einem Faden in der Höhe.

Beim *versetzten Kreuzstich* befinden sich die Spitzen jeweils unter- oder oberhalb, rechts oder links des vorangegangenen Stichs.

Der *Steppstich* verläuft über zwei Gewebefäden und wird ebenfalls in Hin- und Rückreihen ausgeführt.

Vernähen: Das zu vernähende Ende unter drei gestickte Querfäden hindurchziehen, über einen Querfaden zurückgehen und wieder unter zwei durch.

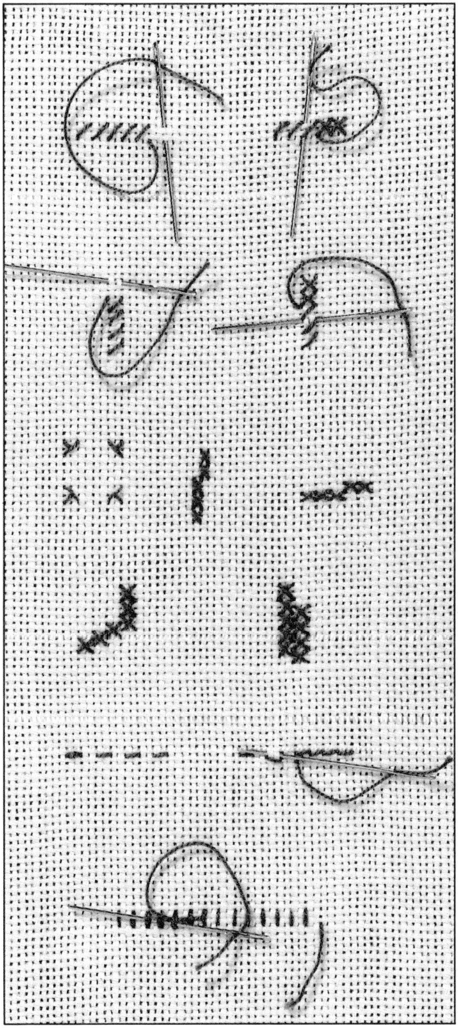

Glockenblume

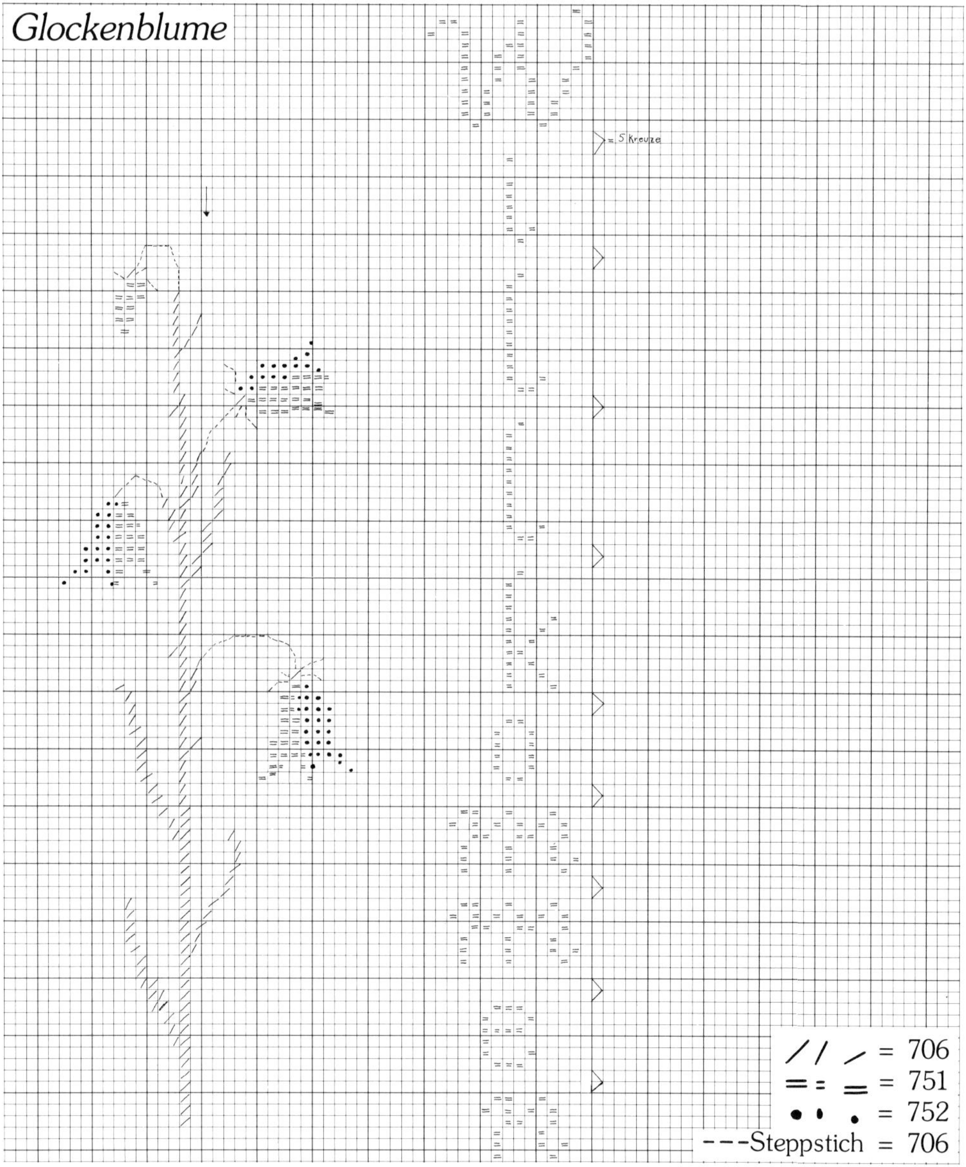

Glockenblume mit »Willkommen«

Teddybären

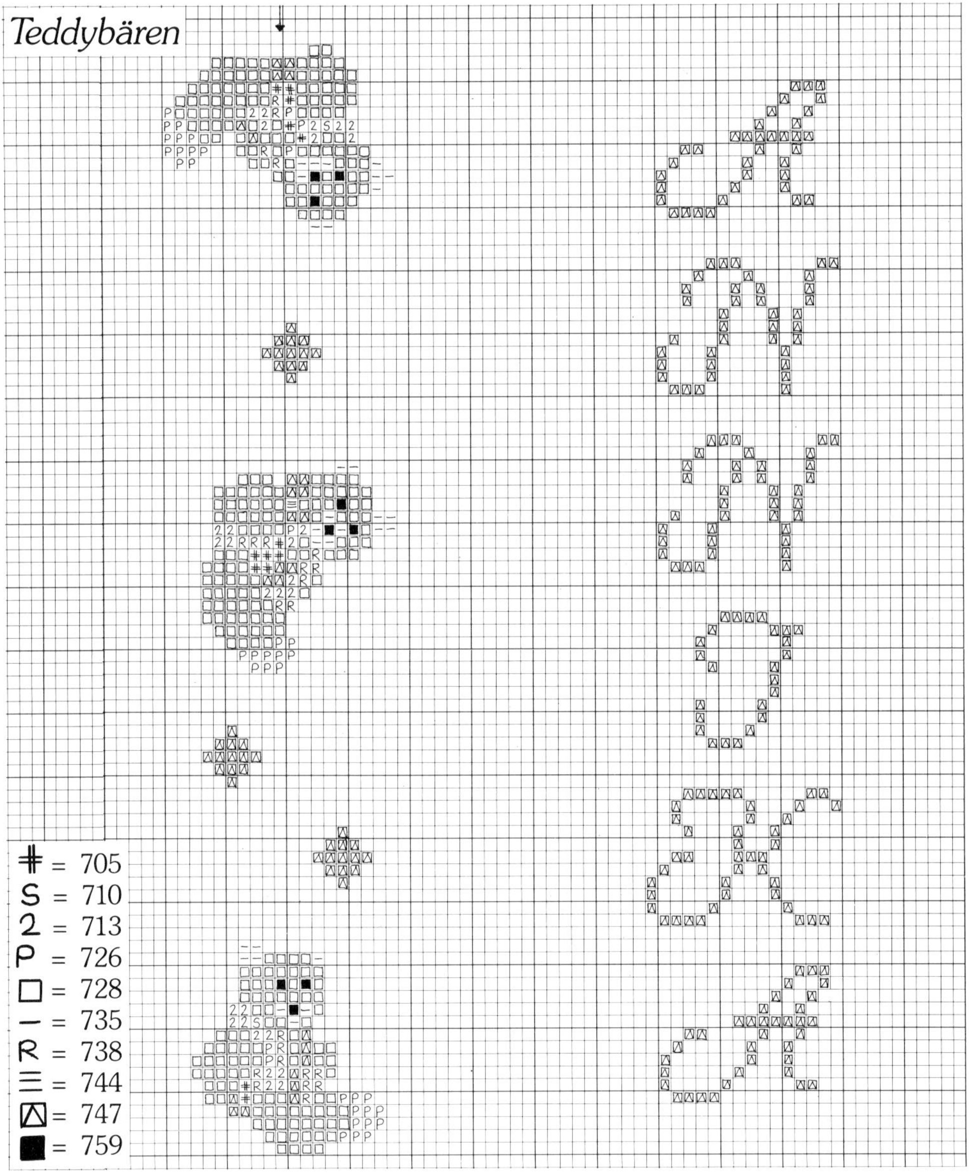

- # = 705
- S = 710
- 2 = 713
- P = 726
- □ = 728
- – = 735
- R = 738
- ≡ = 744
- ⊠ = 747
- ■ = 759

Teddybären mit »Annika«

Luftballons

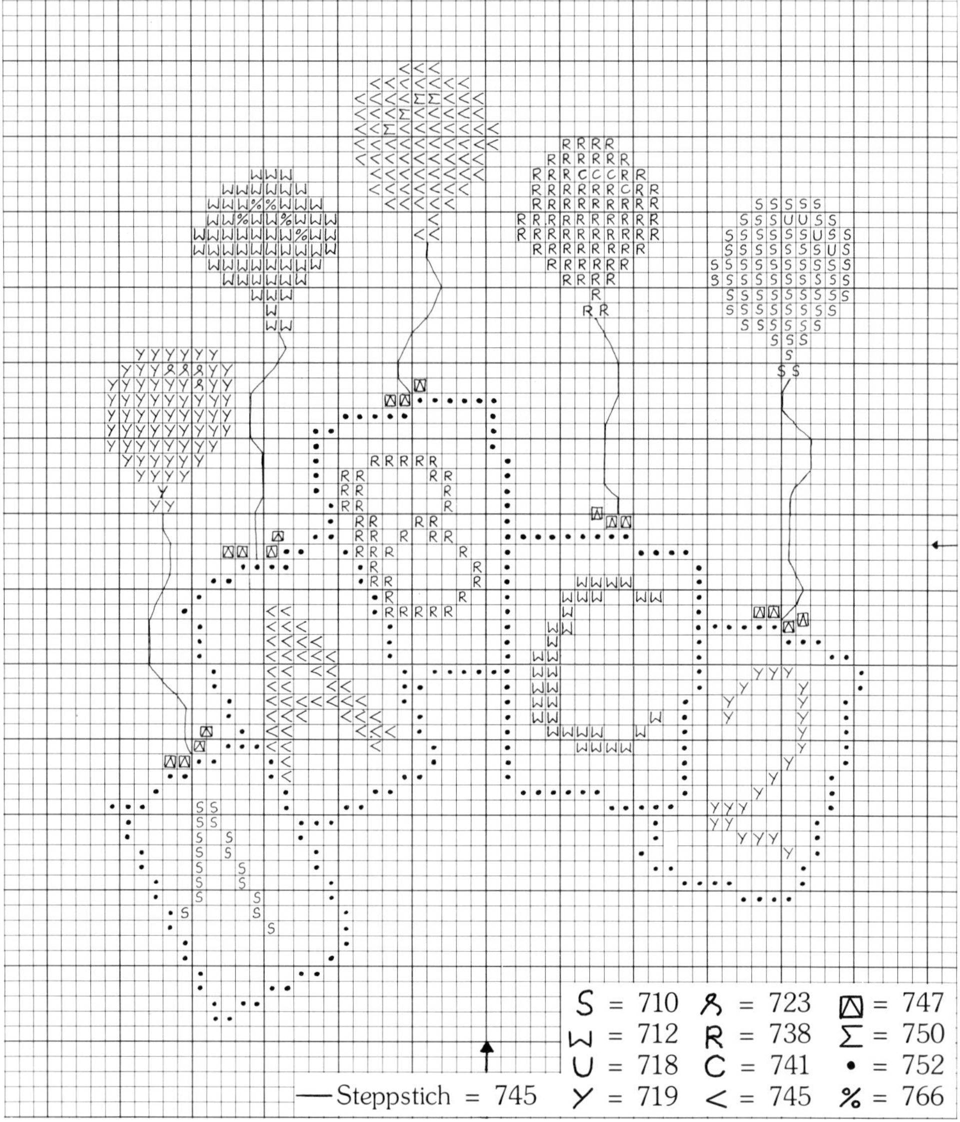

S	= 710	ꝏ	= 723	▨	= 747
W	= 712	R	= 738	Σ	= 750
U	= 718	C	= 741	•	= 752
Y	= 719	<	= 745	%	= 766

— Steppstich = 745

Luftballons mit »Zum Schulanfang« (Schrift S. 73)

Blaue Blüten (Zeichnung S. 22 l), Rosen (Zeichnung S. 22 r)

Vögelchen mit »Mein Liebling« (Zeichnung S. 23)

Blaue Blüten (r), Rosen (l)

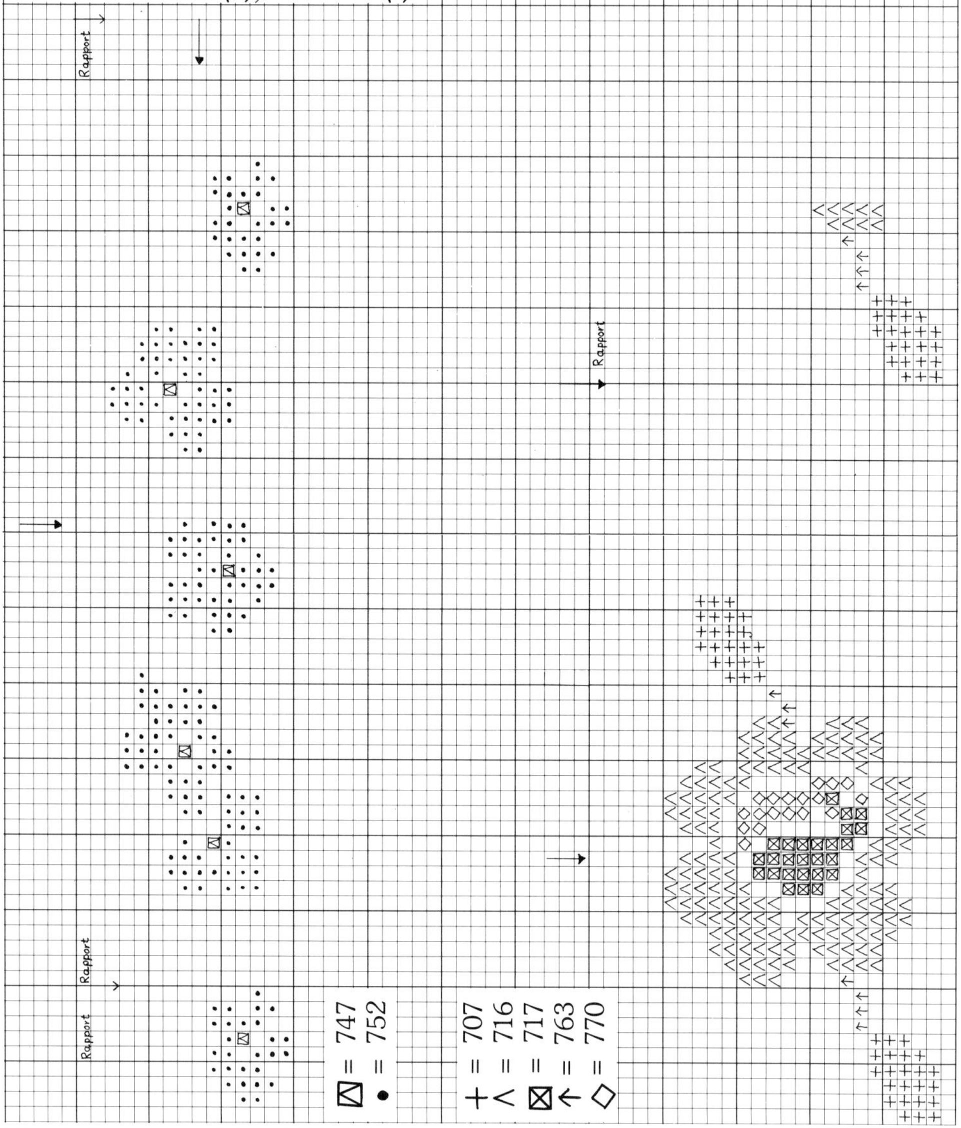

Vögelchen

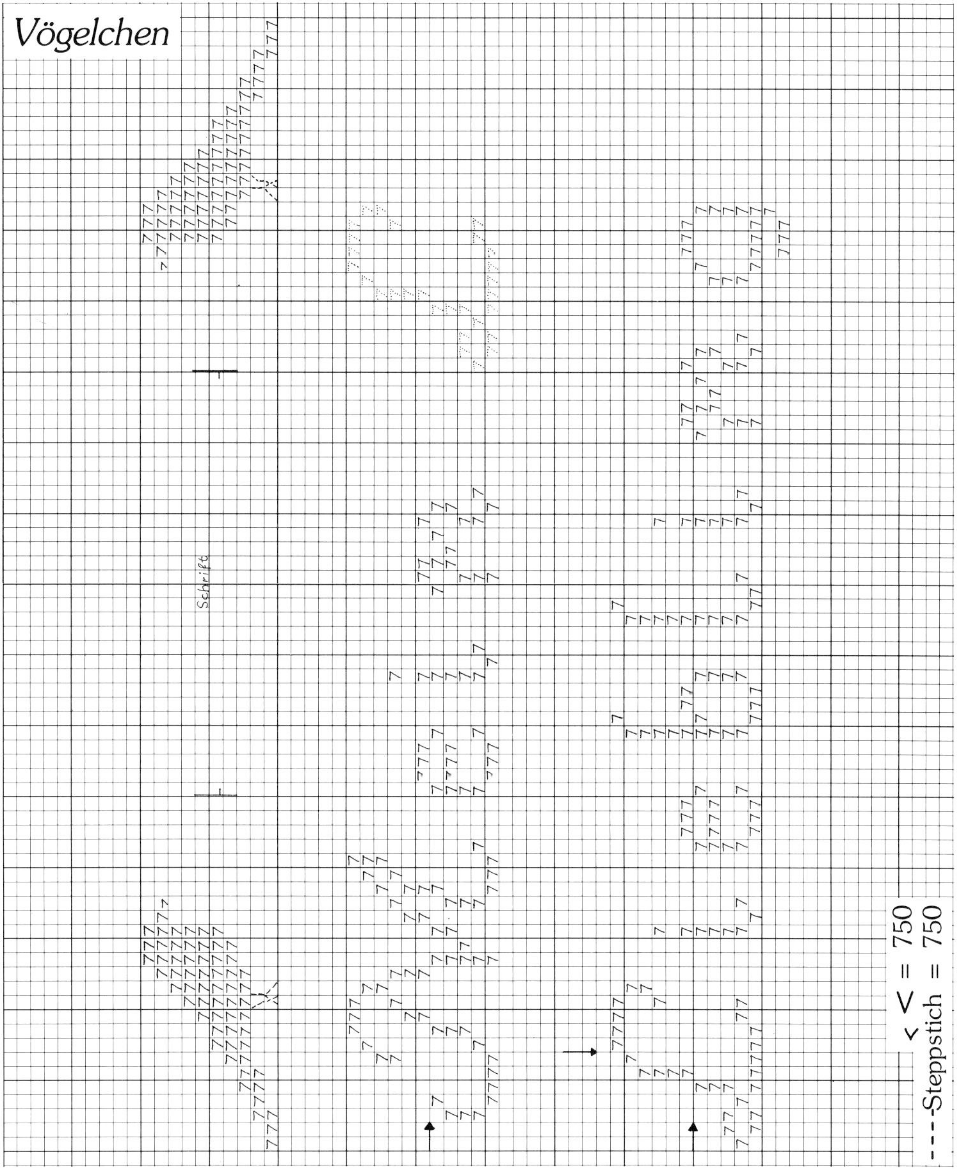

< = 750

- - - Steppstich = 750

Bett

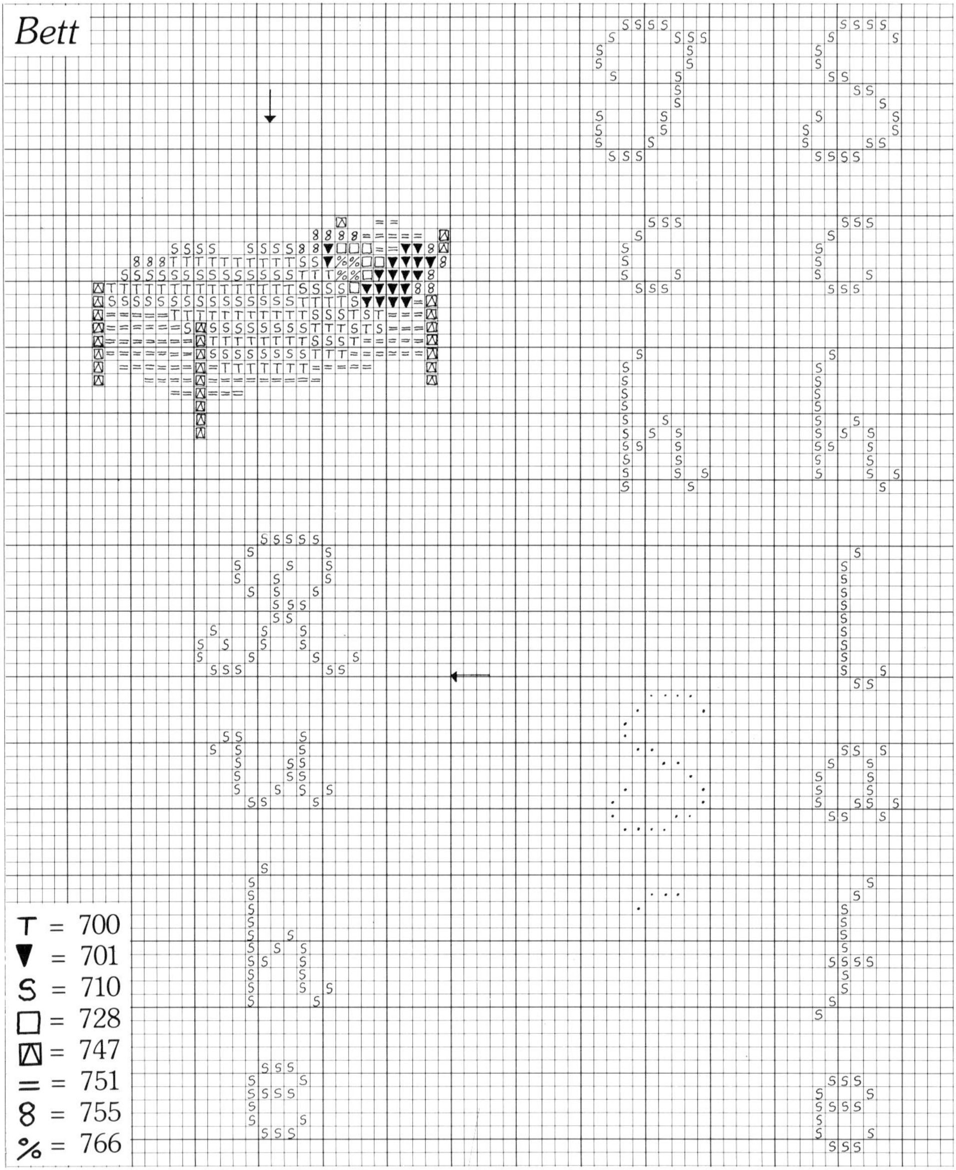

T = 700
▼ = 701
S = 710
□ = 728
◪ = 747
= = 751
8 = 755
% = 766

Bett mit »Ruhe, ich schlafe«

Türe

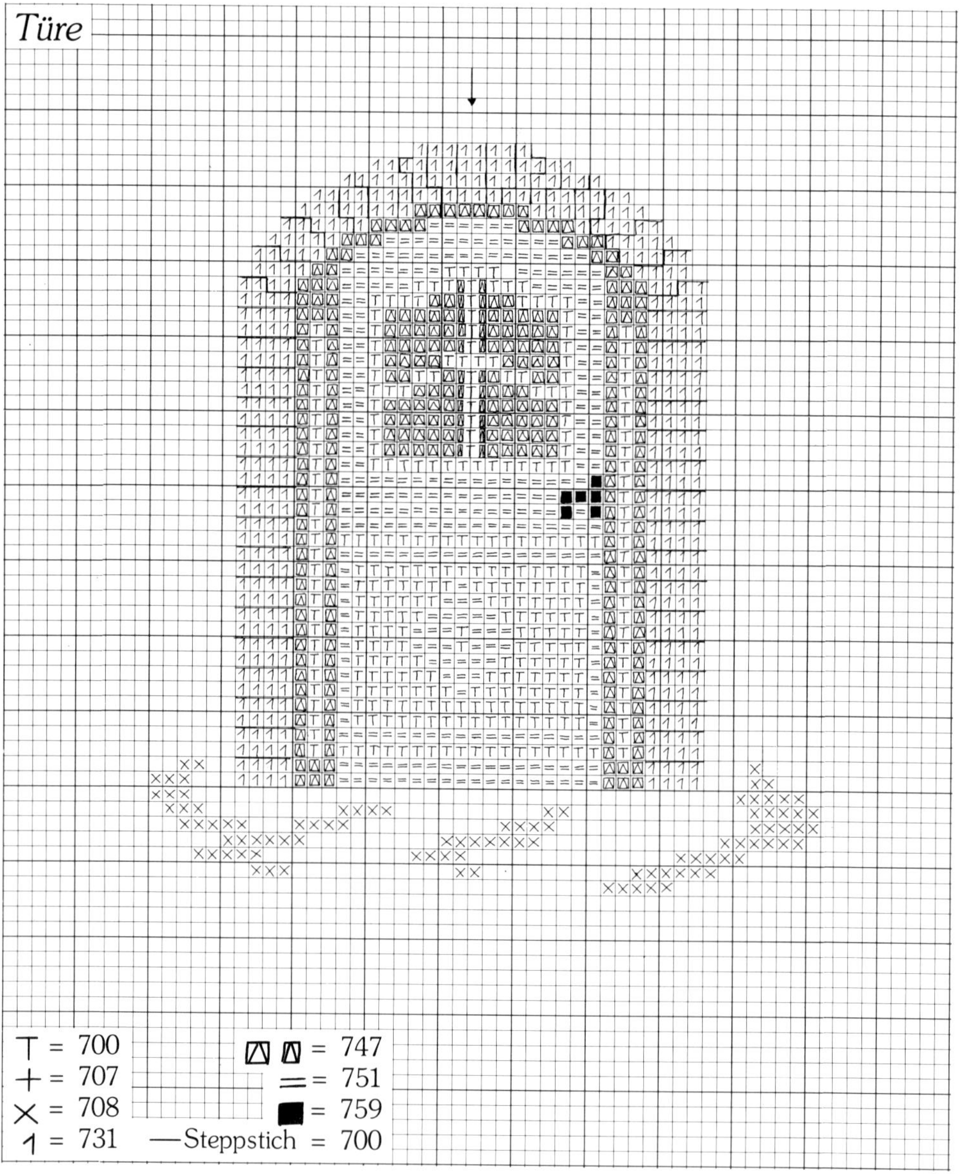

T = 700
+ = 707
× = 708
1 = 731
⊠ ⊠ = 747
═ = 751
■ = 759
— Steppstich = 700

Türe mit »Zum Einzug« (Schrift S. 70)

Gelbe Blüten (Zeichnung S. 30)

Osterhäsin mit »Frohe Ostern« (Zeichnung S. 31, Schrift S. 70)

Gelbe Blüten

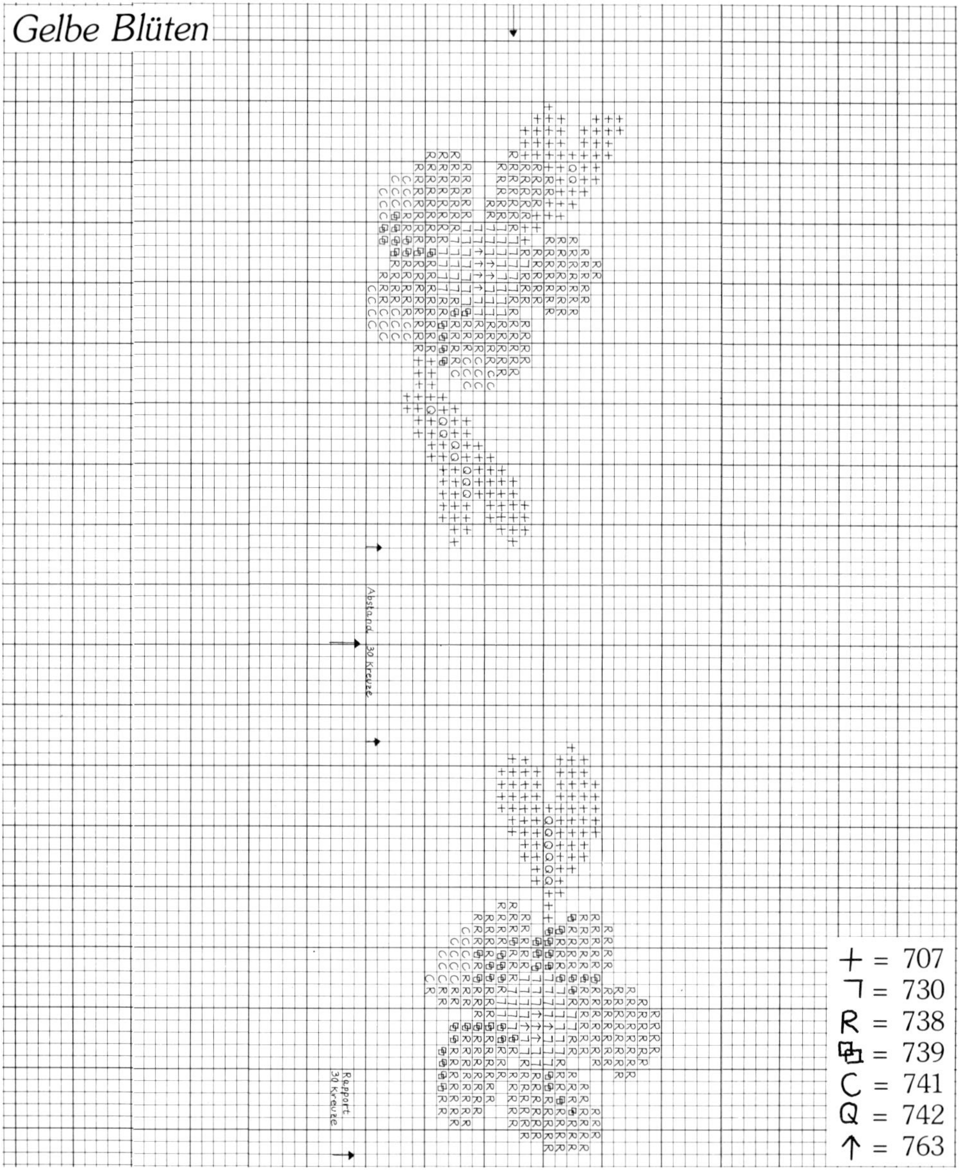

+ = 707
ᒣ = 730
R = 738
⧉ = 739
C = 741
Q = 742
↑ = 763

Osterhäsin

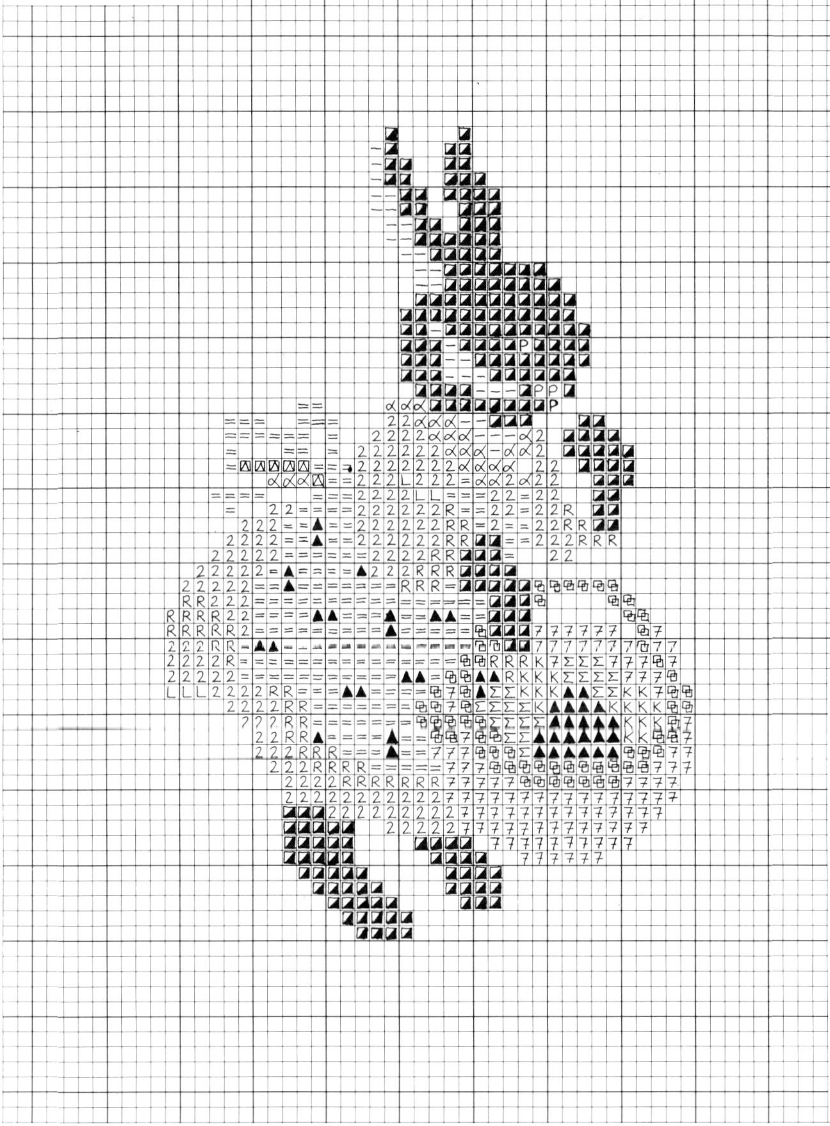

- K = 703
- L = 711
- 2 = 713
- ▲ = 724
- P = 726
- ◪ = 734
- — = 735
- R = 738
- ⧉ = 739
- 7 = 740
- ⍓ = 747
- Σ = 750
- α = 753
- = = 751

Schlüsselblume

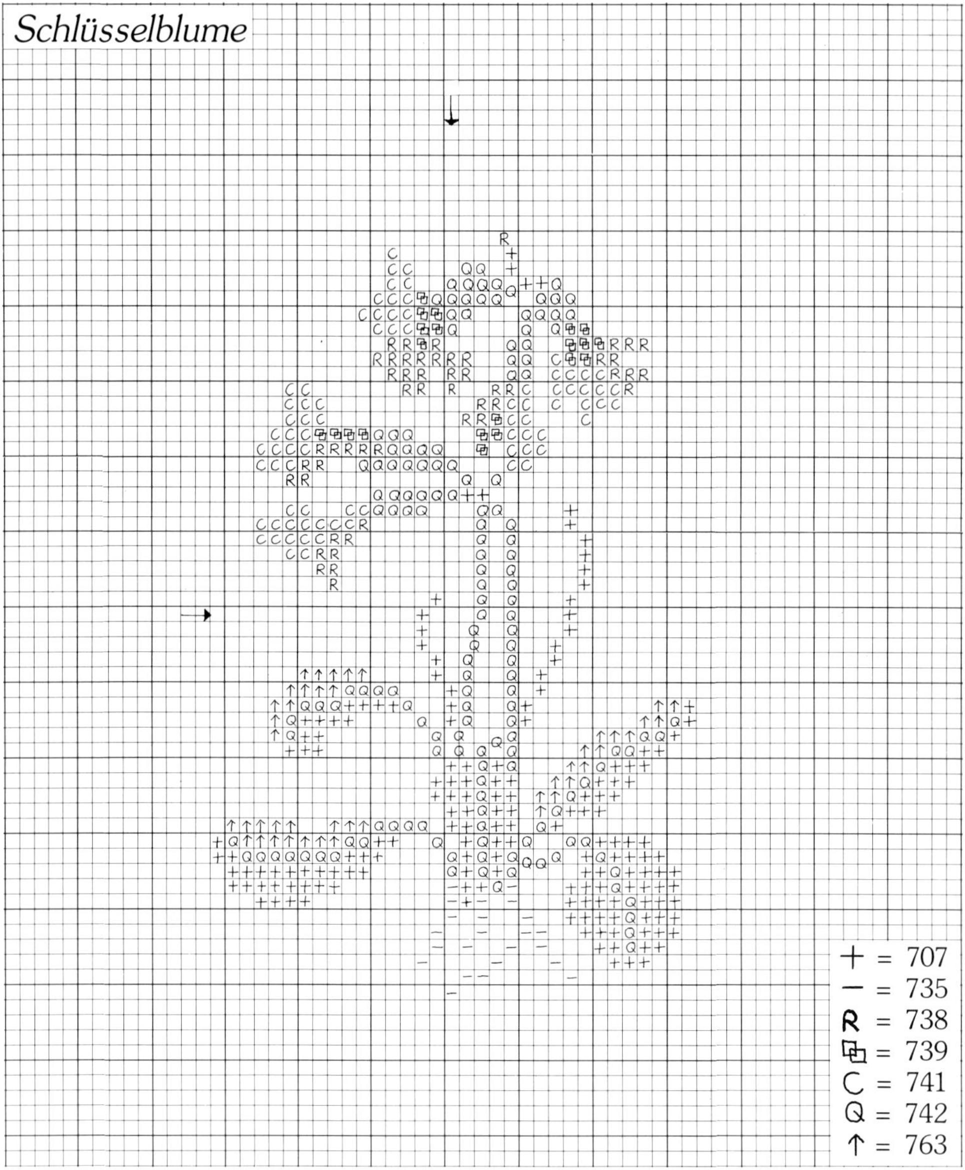

+	= 707
—	= 735
R	= 738
⧉	= 739
C	= 741
Q	= 742
↑	= 763

Schlüsselblumen mit »Frühling« (Schrift S. 71)

Meise

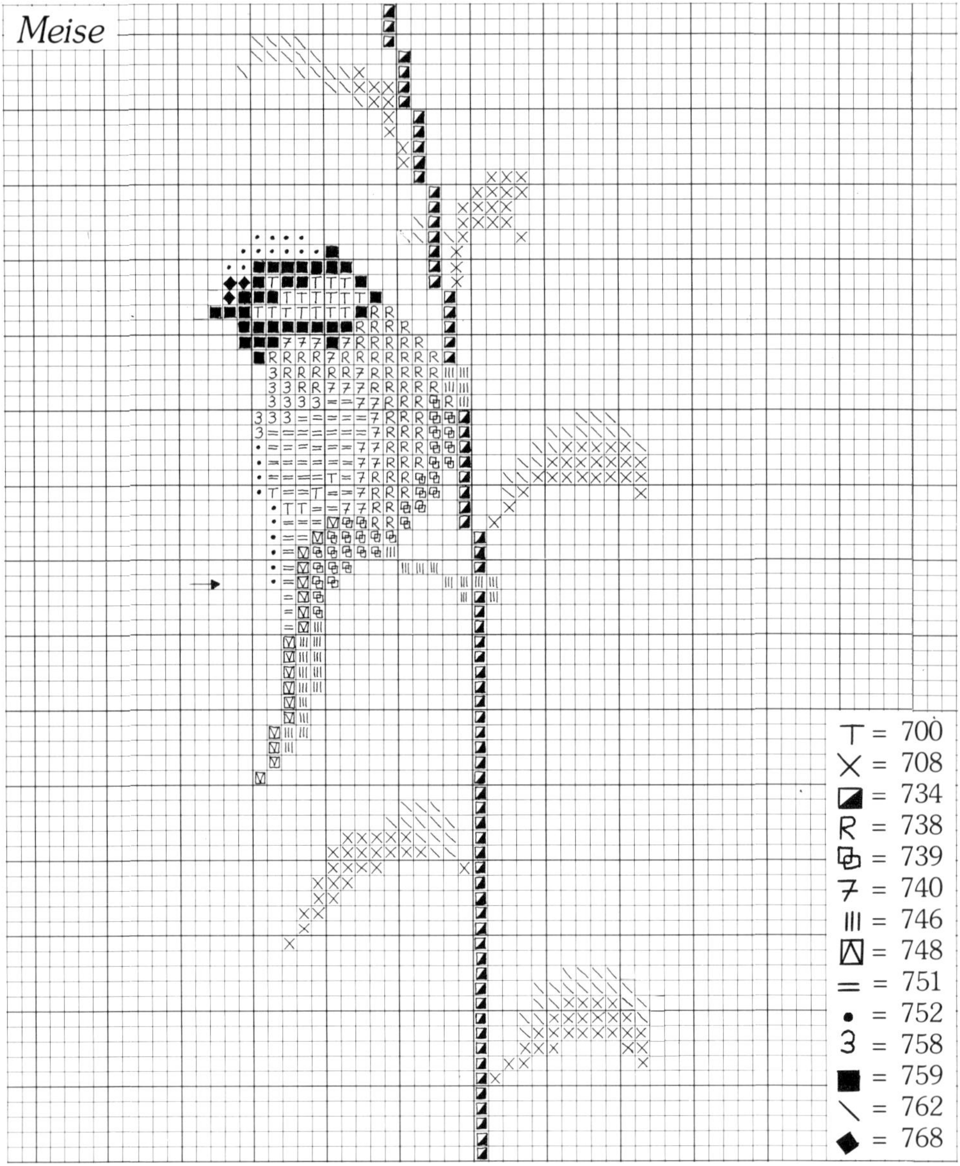

T = 700
X = 708
◪ = 734
R = 738
⧉ = 739
7 = 740
III = 746
⊠ = 748
= = 751
• = 752
3 = 758
■ = 759
\ = 762
◆ = 768

Meise mit »Sommer« (Schrift S. 71)

Drachen

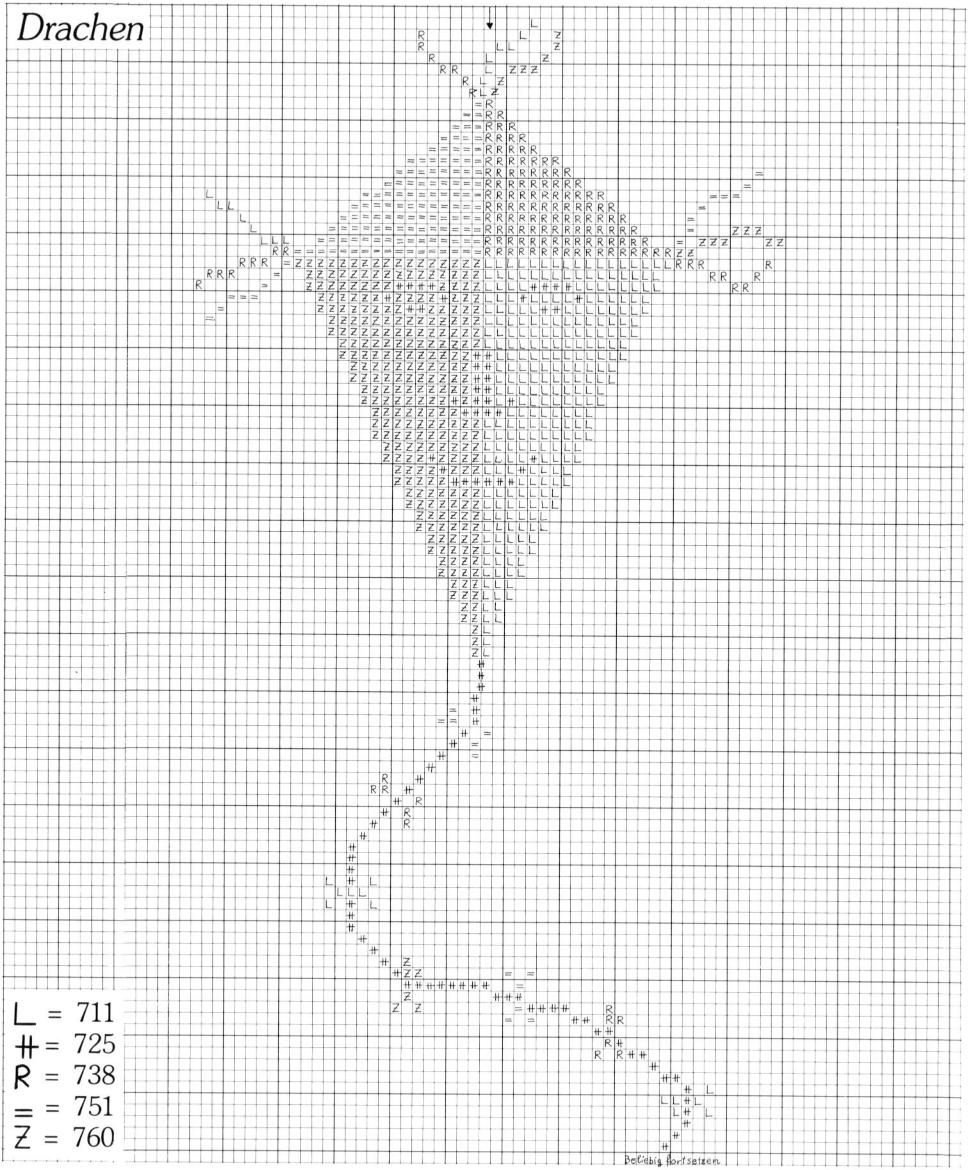

L = 711
# = 725
R = 738
= = 751
Z = 760

Drachen mit »Herbst« (Schrift S. 73)

Schneemann

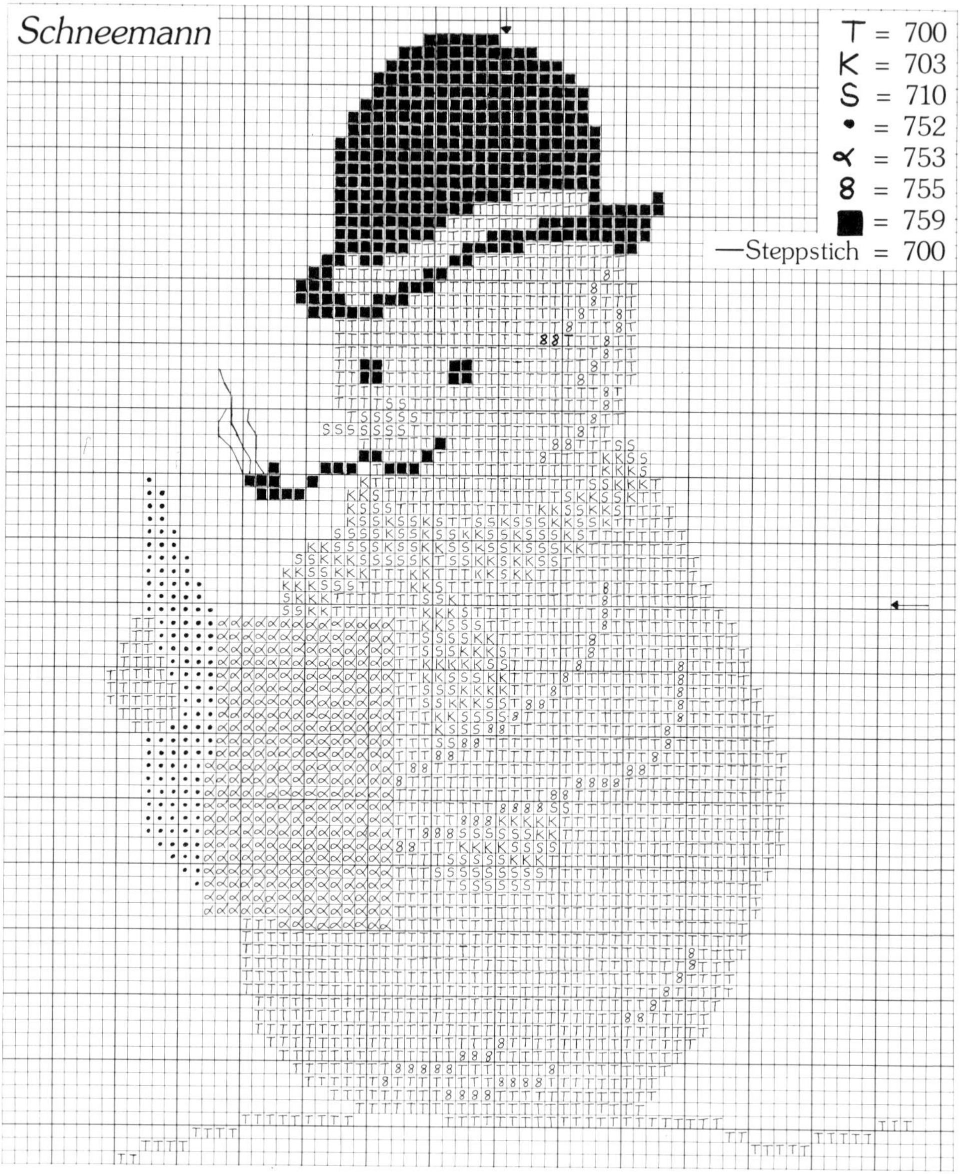

T = 700
K = 703
S = 710
• = 752
∝ = 753
8 = 755
■ = 759
—Steppstich = 700

Schneemann mit »Winter« (Schrift S. 73)

Schwalbenwurzenzian

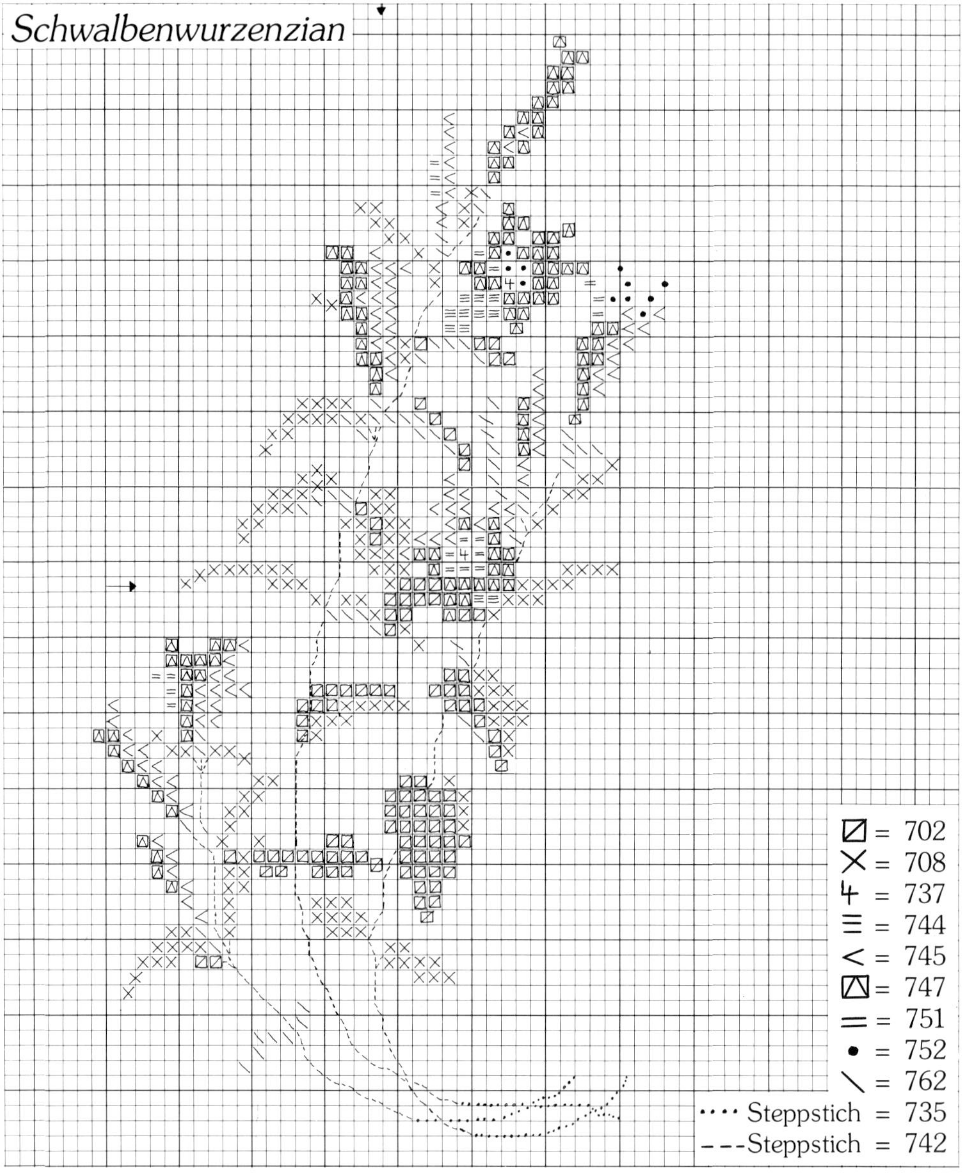

◪ =	702
✕ =	708
4 =	737
≡ =	744
< =	745
◭ =	747
= =	751
• =	752
╲ =	762
····· Steppstich =	735
- - - Steppstich =	742

Schwalbenwurzenzian mit »Vergelts Gott« (Schrift S. 72)

Lila Blüten (Zeichnung S. 44)

Alpenveilchen mit »Danke« (Zeichnung S. 45, Schrift S. 74)

Lila Blüten

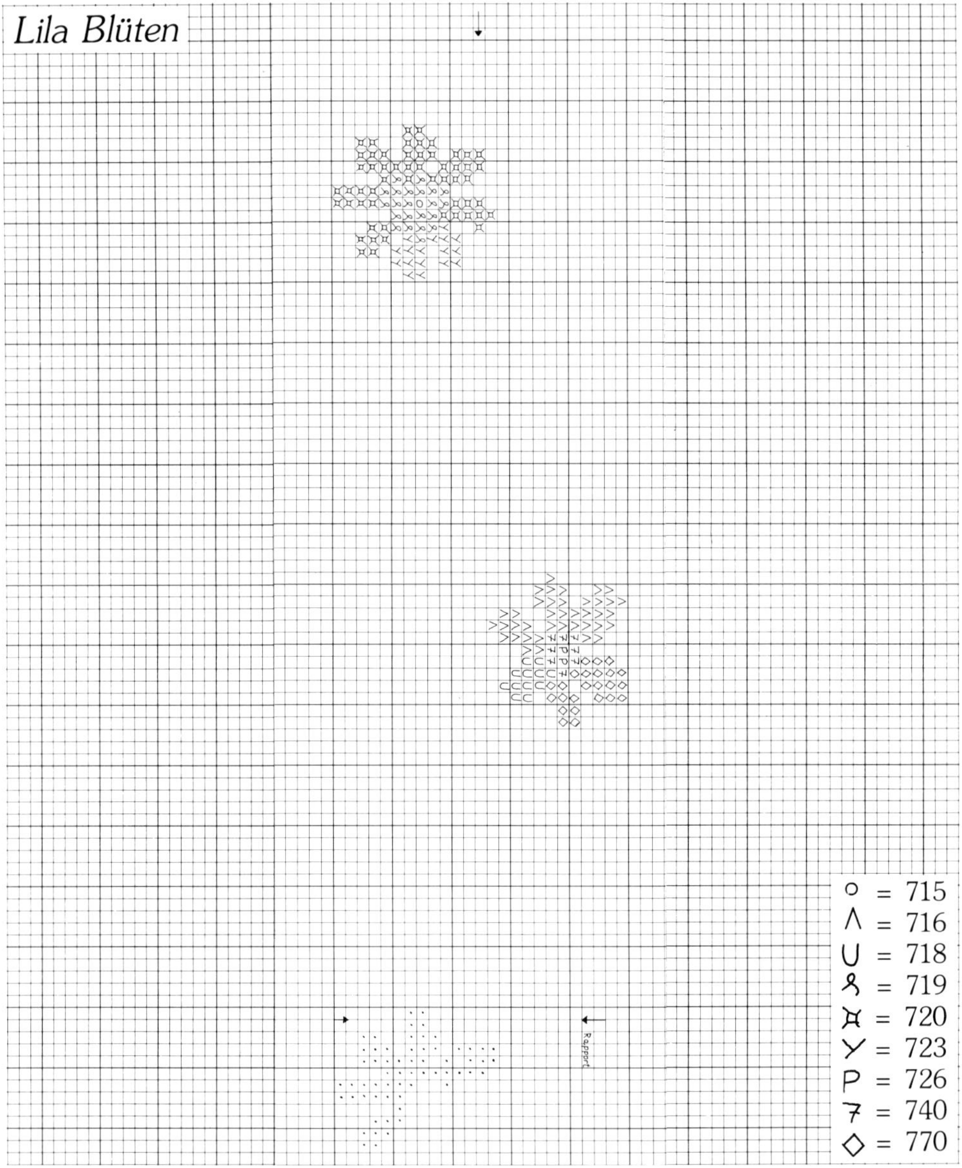

○	=	715
Λ	=	716
U	=	718
♀	=	719
¤	=	720
Y	=	723
P	=	726
7	=	740
◇	=	770

Alpenveilchen

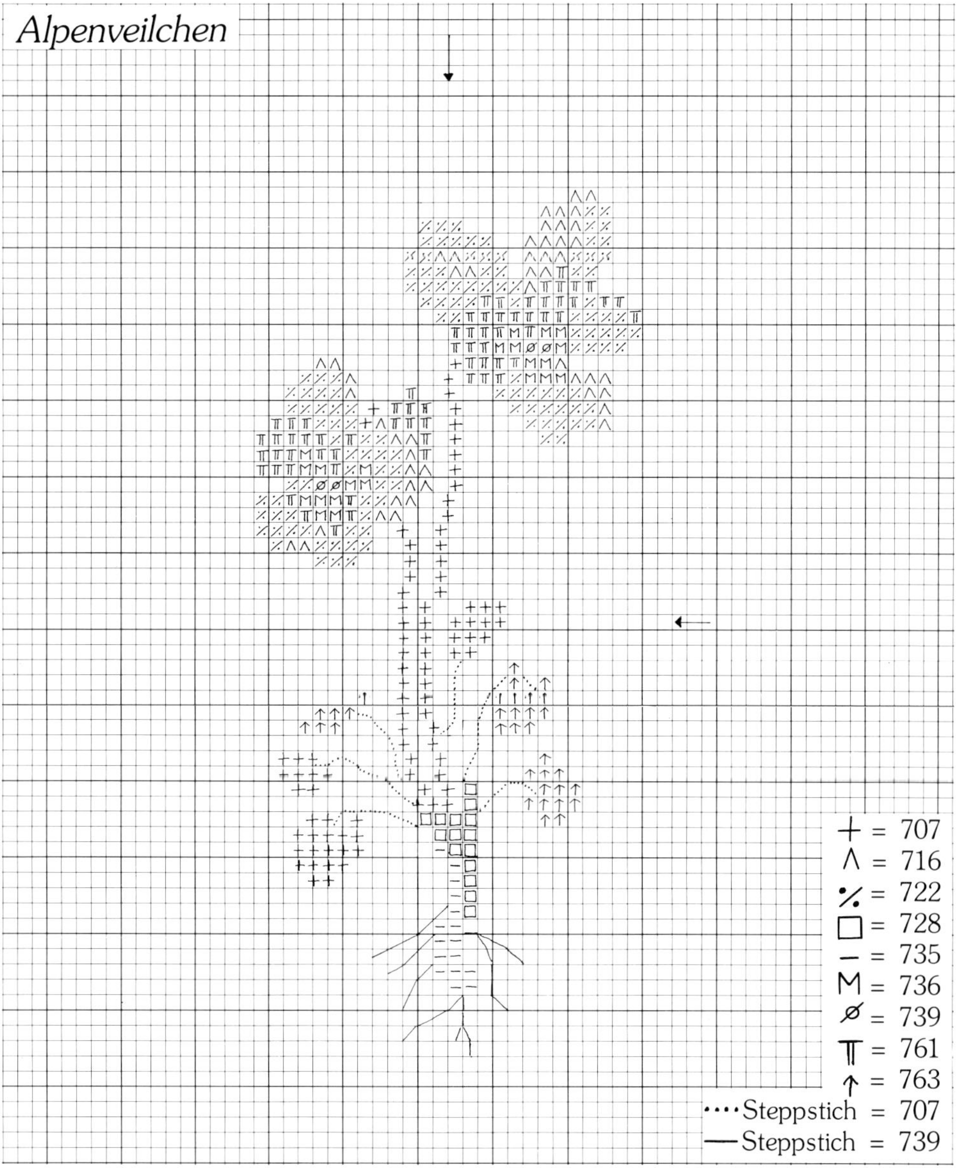

+	=	707
Λ	=	716
•⁄•	=	722
□	=	728
—	=	735
M	=	736
Ø	=	739
π	=	761
↑	=	763
···· Steppstich	=	707
—— Steppstich	=	739

Edelweiß

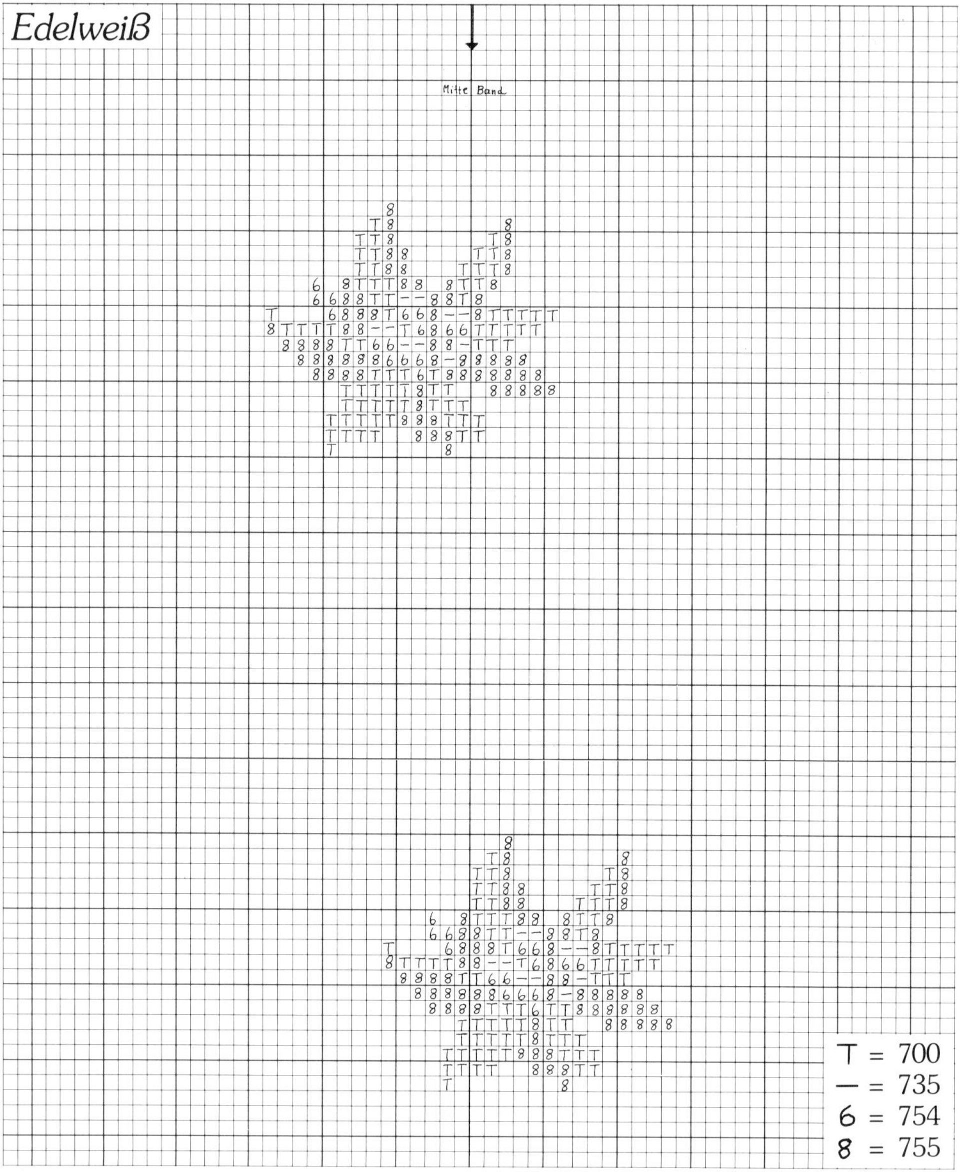

T = 700
— = 735
6 = 754
8 = 755

Edelweiß

Kirche am Irschenberg

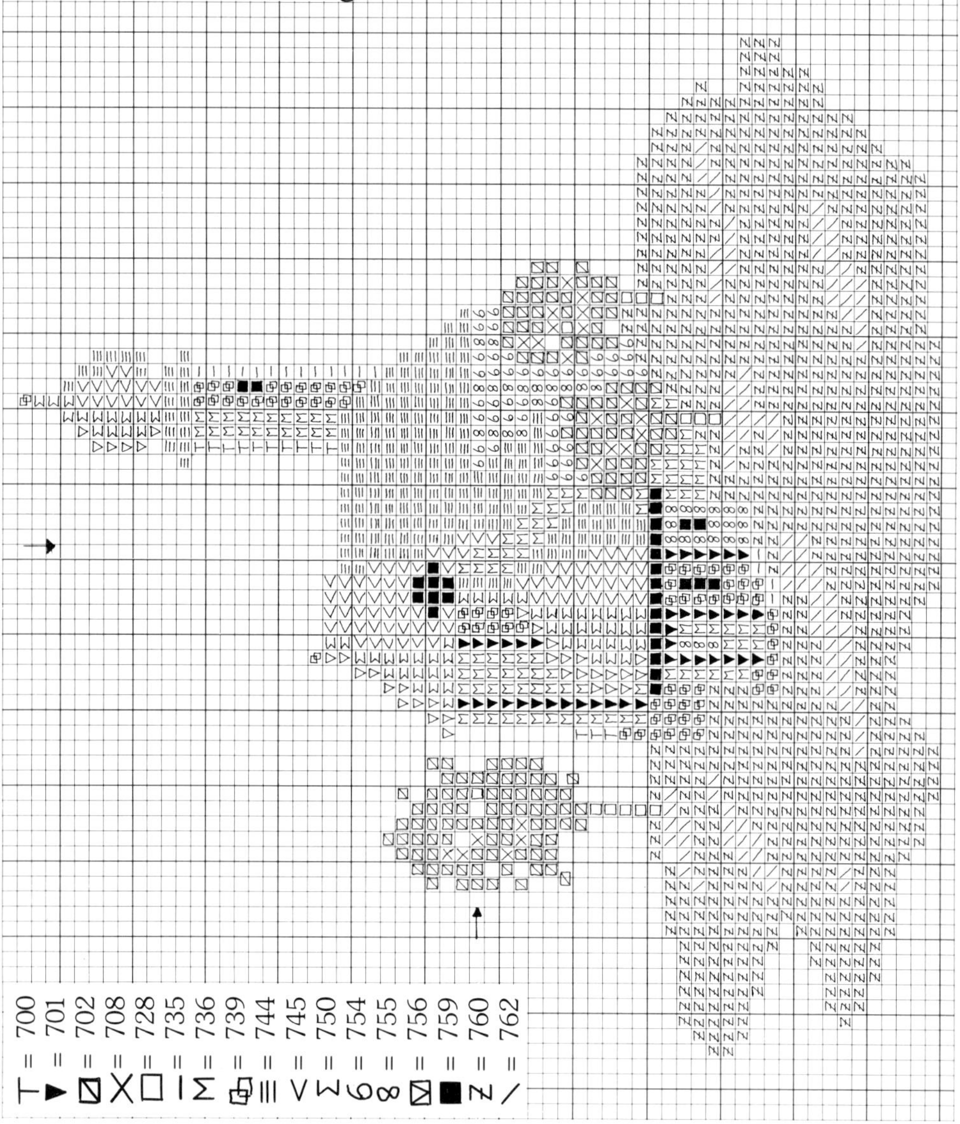

T = 700
▶ = 701
⊠ = 702
X = 708
□ = 728
| = 735
Σ = 736
⧉ = 739
≡ = 744
V = 745
Ш = 750
6 = 754
8 = 755
⊠ = 756
■ = 759
Z = 760
/ = 762

Kirche am Irschenberg mit »Urlaubsgrüße« (Schrift S. 73)

Leuchtturm

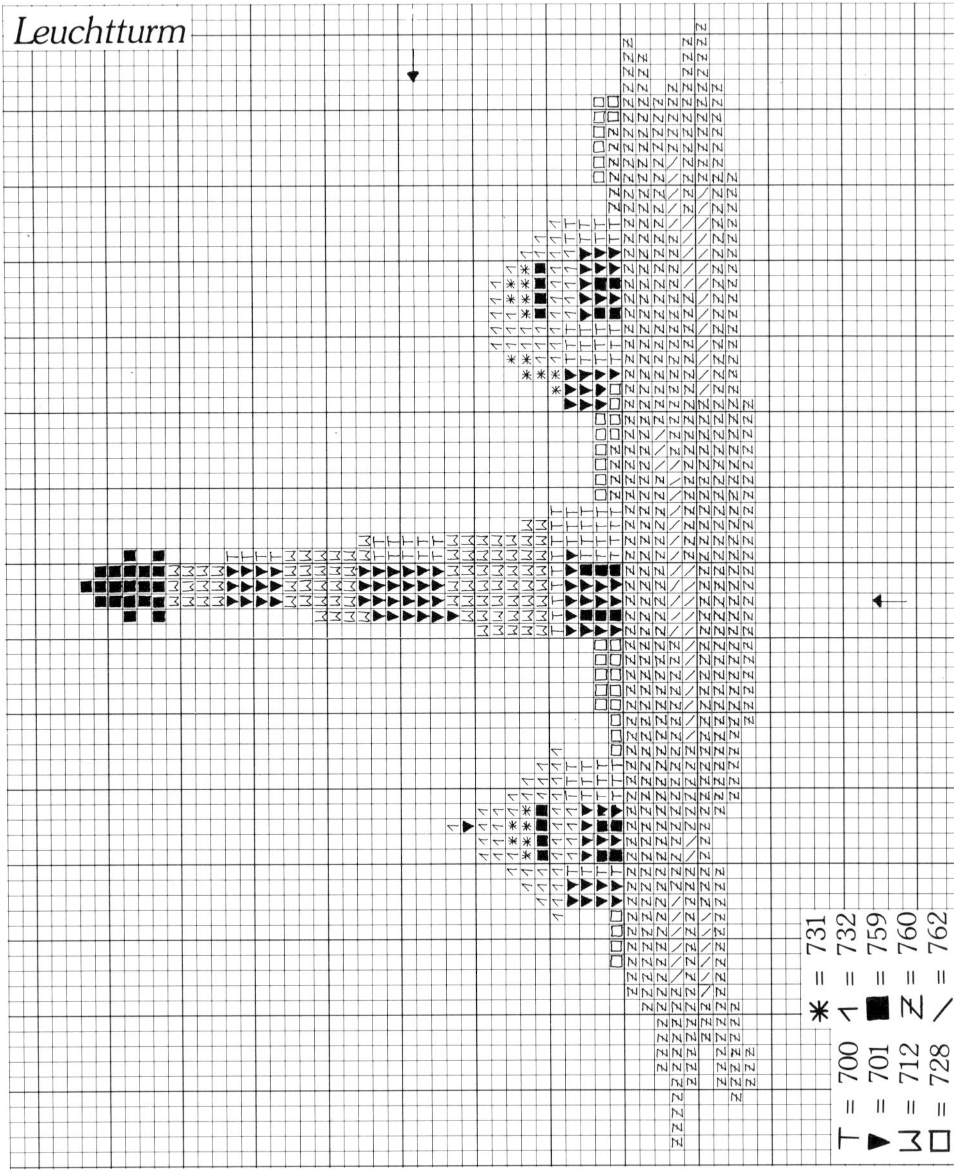

Leuchtturm mit »Urlaubsgrüße« (Schrift S. 73)

Maulwurf

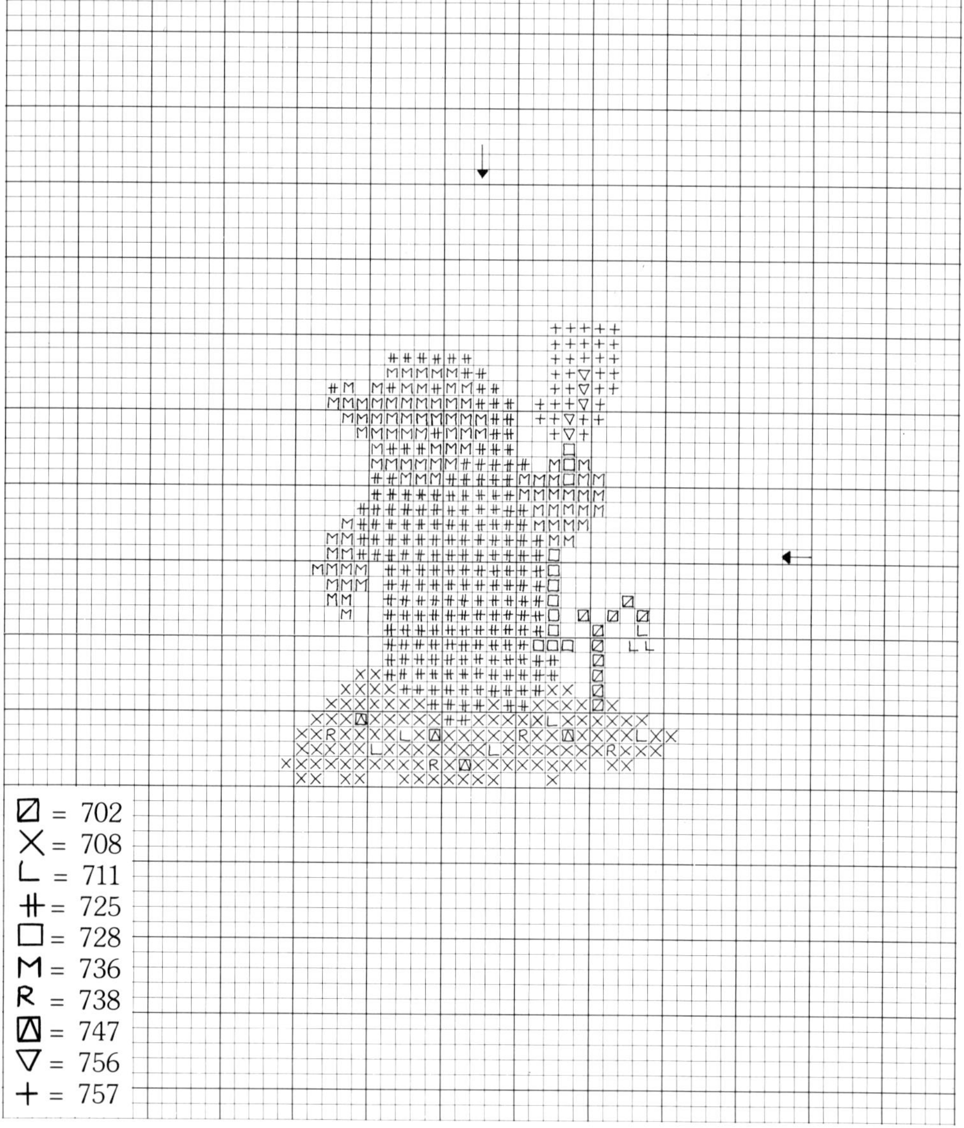

⧄ = 702
X = 708
L = 711
# = 725
□ = 728
M = 736
R = 738
⍍ = 747
▽ = 756
+ = 757

Maulwurf mit »Bin im Garten« (Schrift S. 73)

Röschen

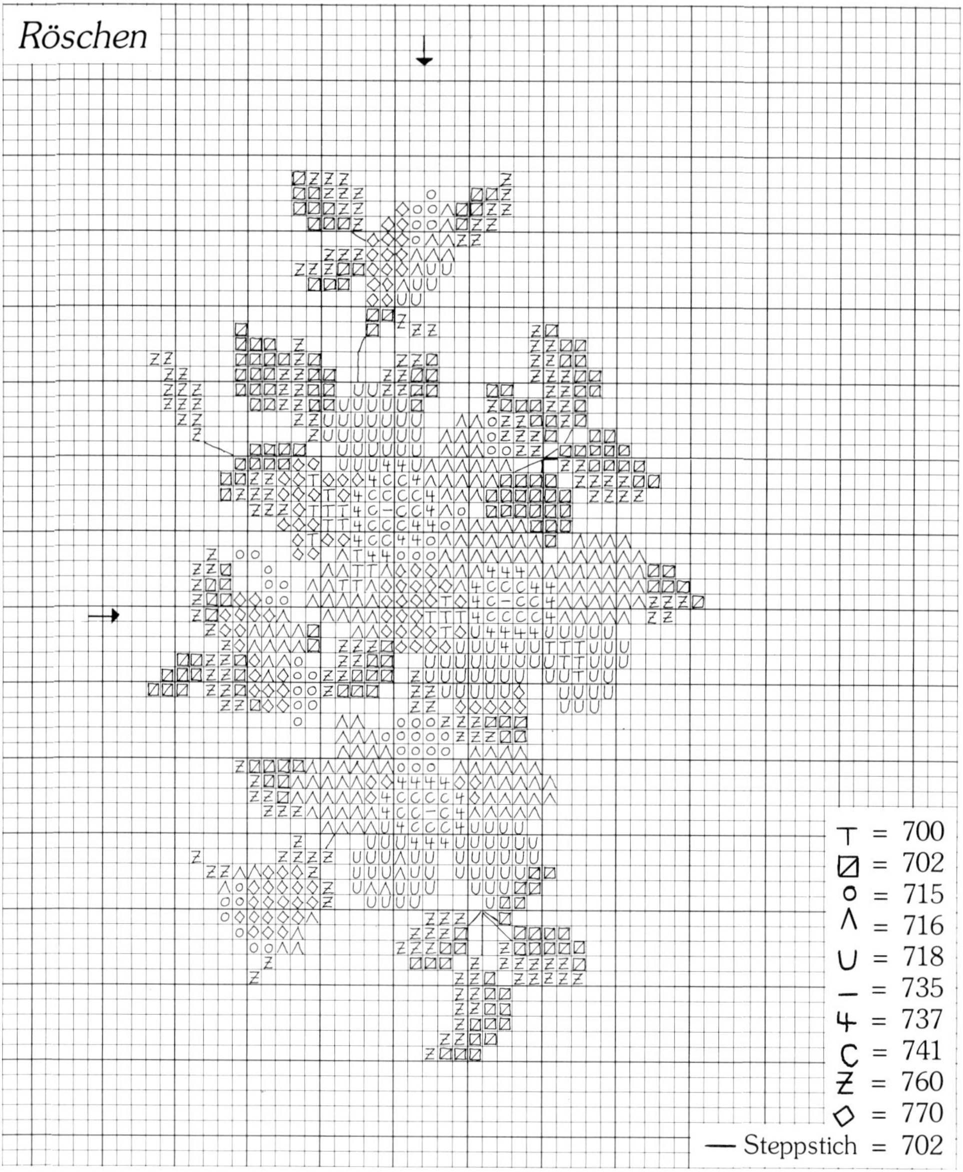

T	=	700
⊠	=	702
o	=	715
Λ	=	716
U	=	718
—	=	735
4	=	737
C	=	741
Z	=	760
◇	=	770
— Steppstich	=	702

Röschen mit »Mit Liebe« (Schrift S. 72)

Weg in die Zukunft

T = 700
⧄ = 702
/ = 706
| = 734
— = 736
R = 738
< = 745

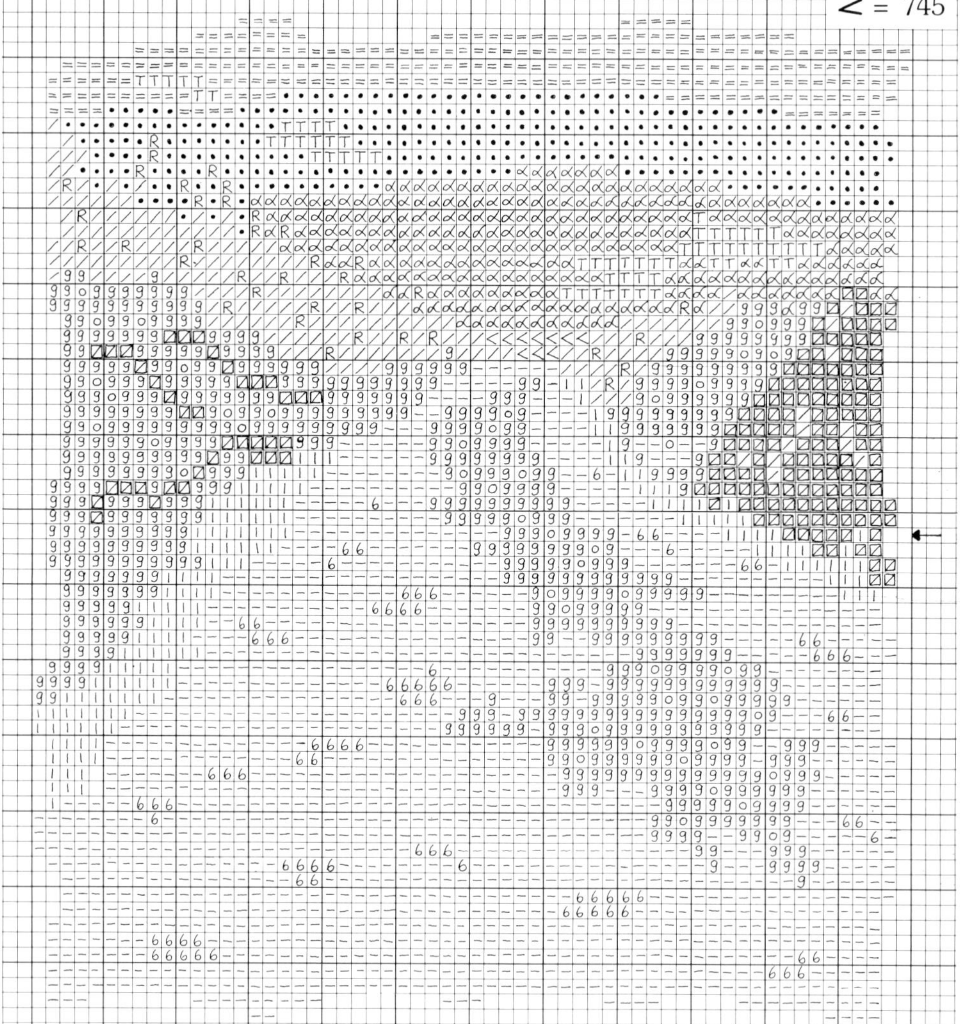

= = 751
• = 752
α = 753
6 = 754
o = 762
9 = 767

Weg in die Zukunft mit »Zur Hochzeit« (Schrift S. 73)

Herzen

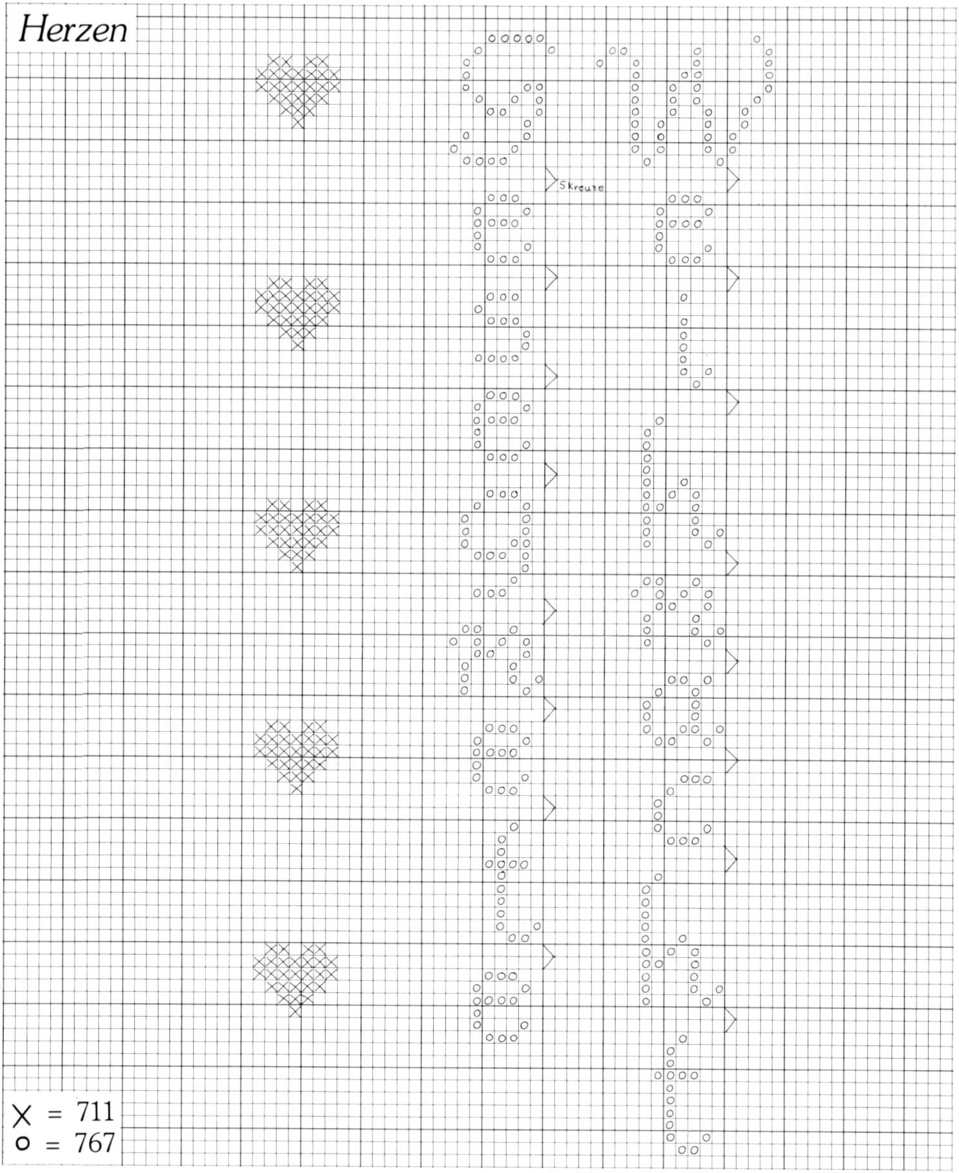

X = 711
o = 767

Herzen mit »Gesegnete Weihnacht«

Tannenbäumchen

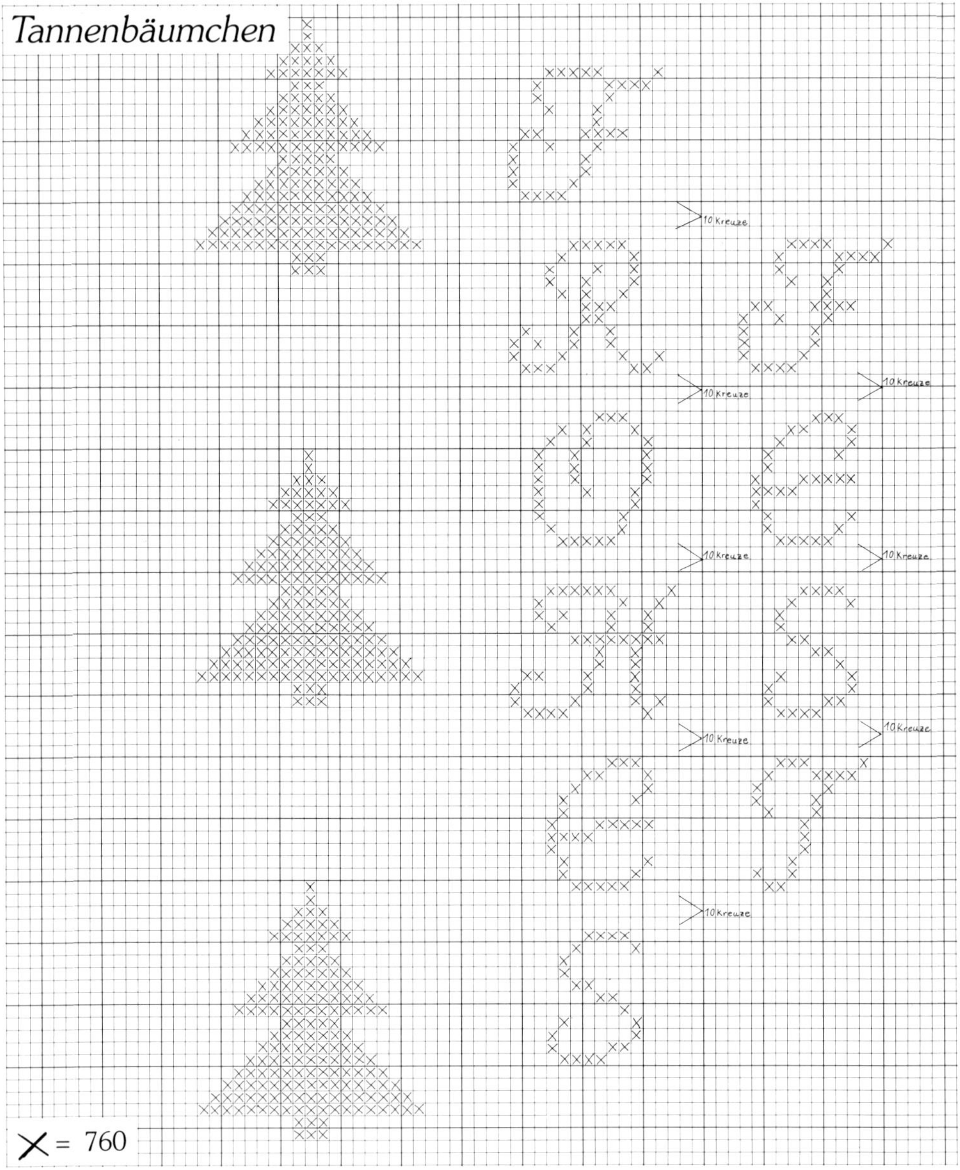

Tannenbäumchen mit »Frohes Fest«

Uhr und Feuerwerk

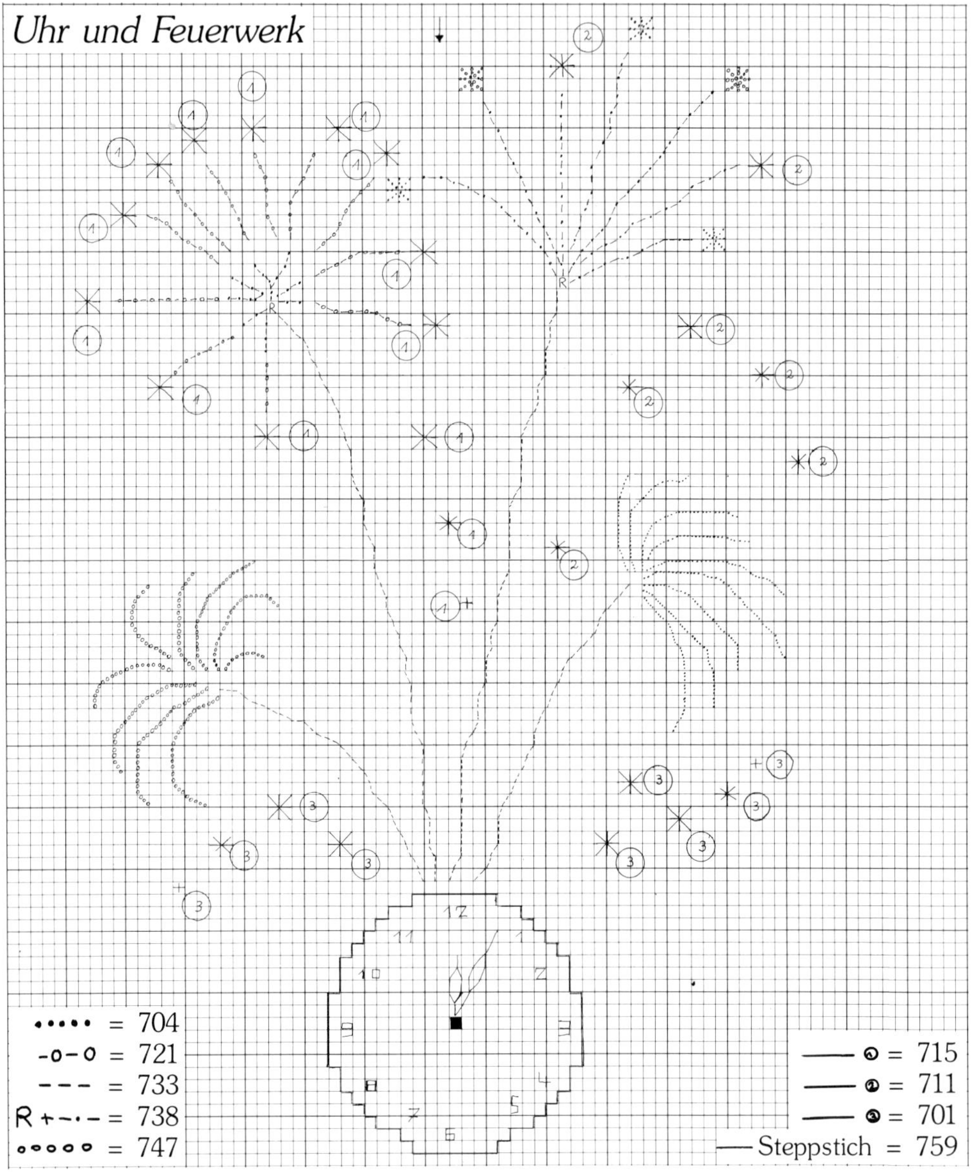

Uhr und Feuerwerk mit »Viel Glück« (Schrift S. 73)

Tomaten

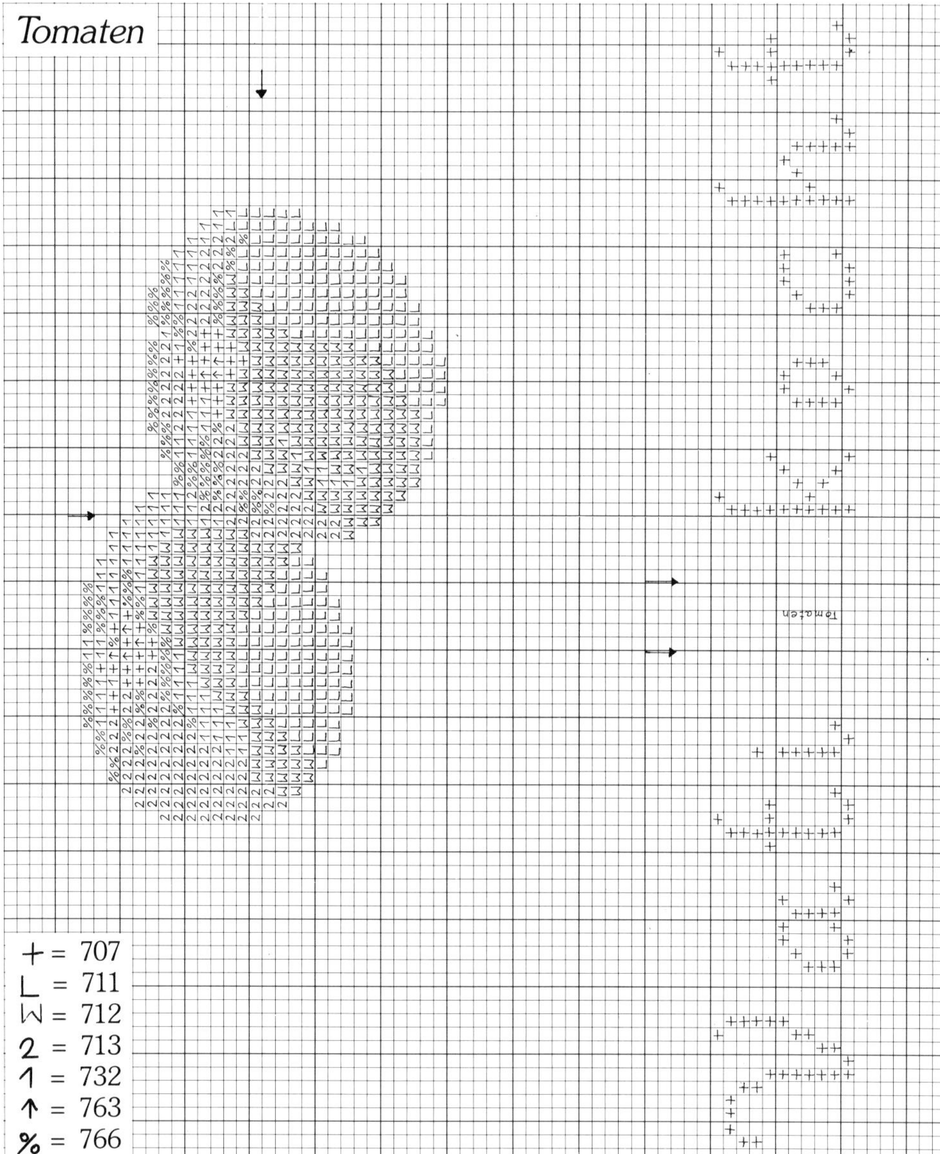

+ = 707
L = 711
W = 712
2 = 713
1 = 732
↑ = 763
% = 766

Tomaten mit »Vati kocht«

Kuchen mit »Für Euch«

Kuchen

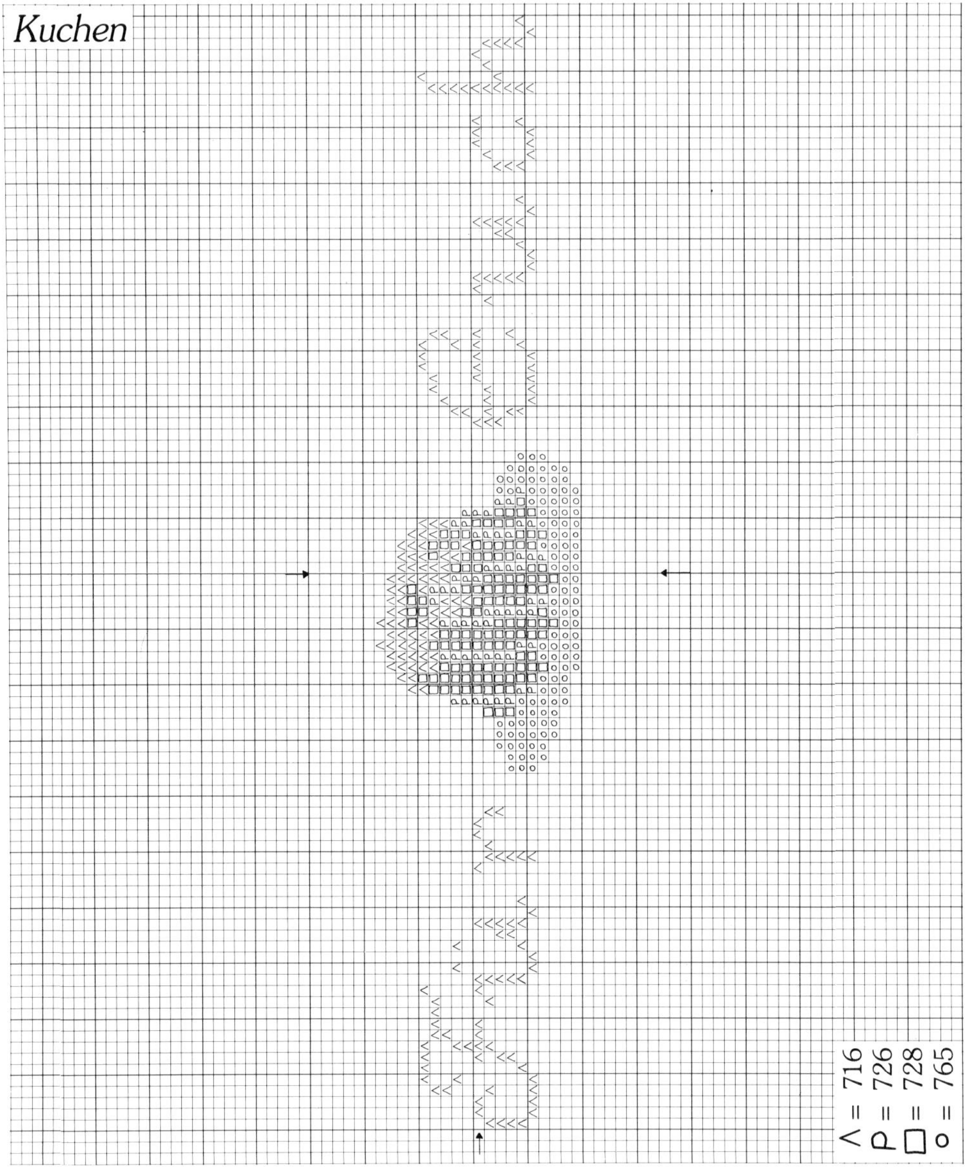

Hahn und Hühner

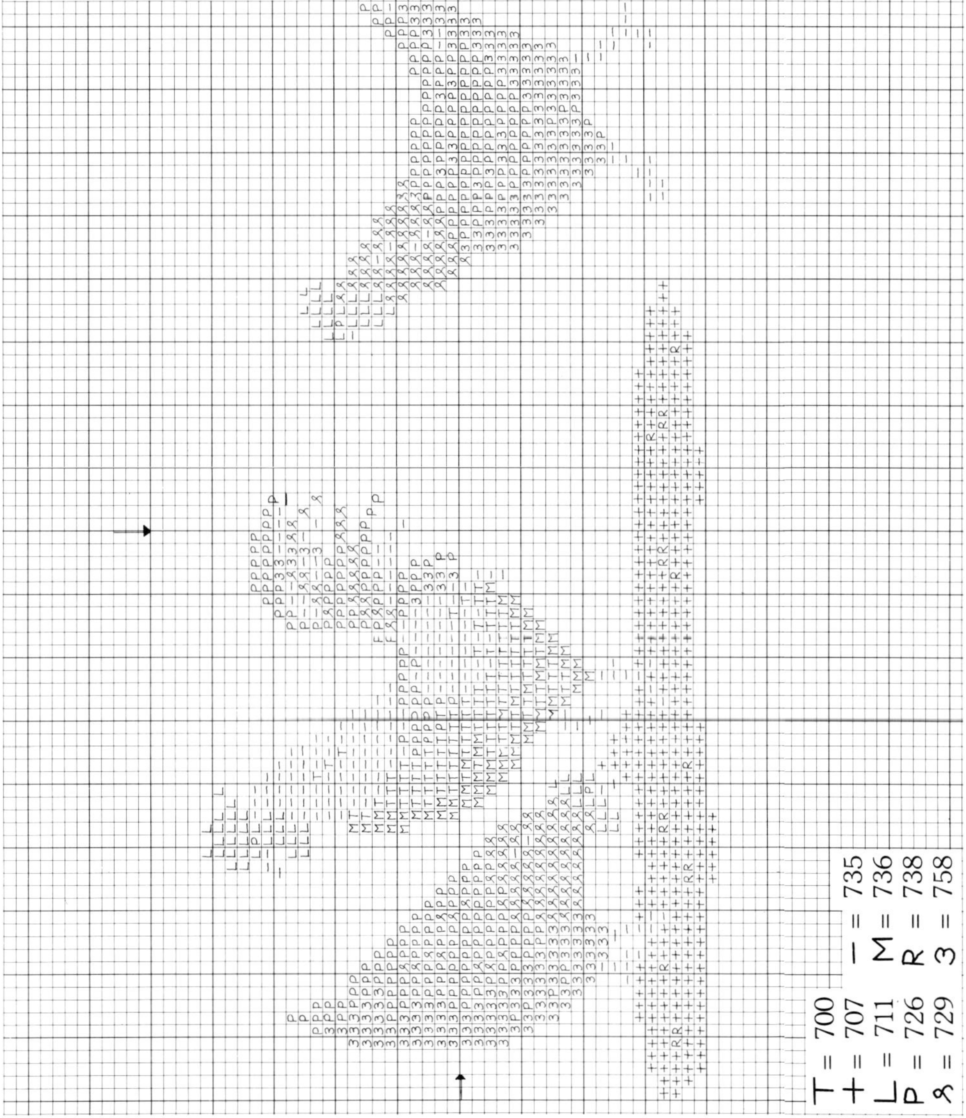

Gänsepaar

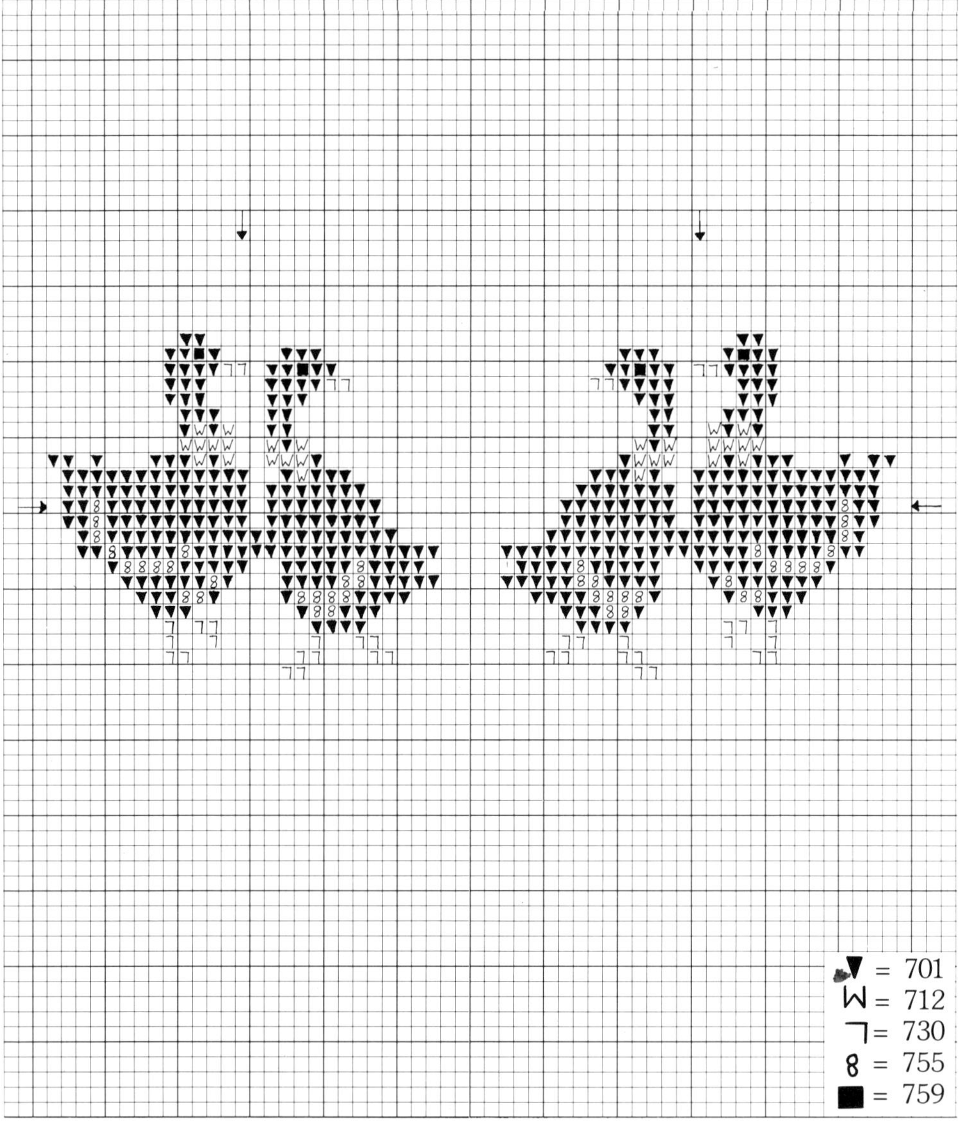

Hahn und Hühner (Zeichnung S. 67)   *Gänsepaar (Zeichnung S. 68)*

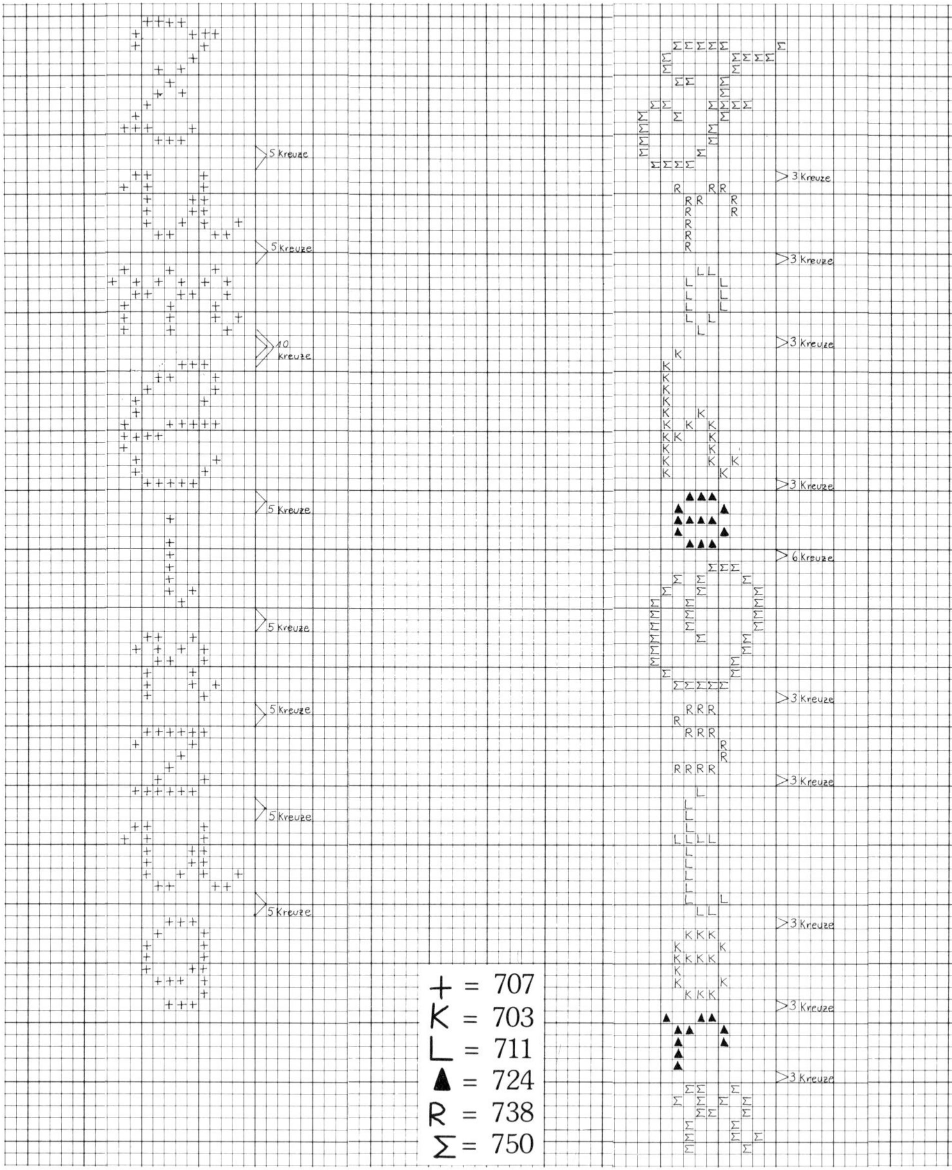
5 Kreuze
5 Kreuze
10 Kreuze
5 Kreuze
5 Kreuze
5 Kreuze
5 Kreuze
5 Kreuze
3 Kreuze
3 Kreuze
3 Kreuze
3 Kreuze
6 Kreuze
3 Kreuze
3 Kreuze
3 Kreuze
3 Kreuze
3 Kreuze
+ = 707
K = 703
L = 711
▲ = 724
R = 738
Σ = 750

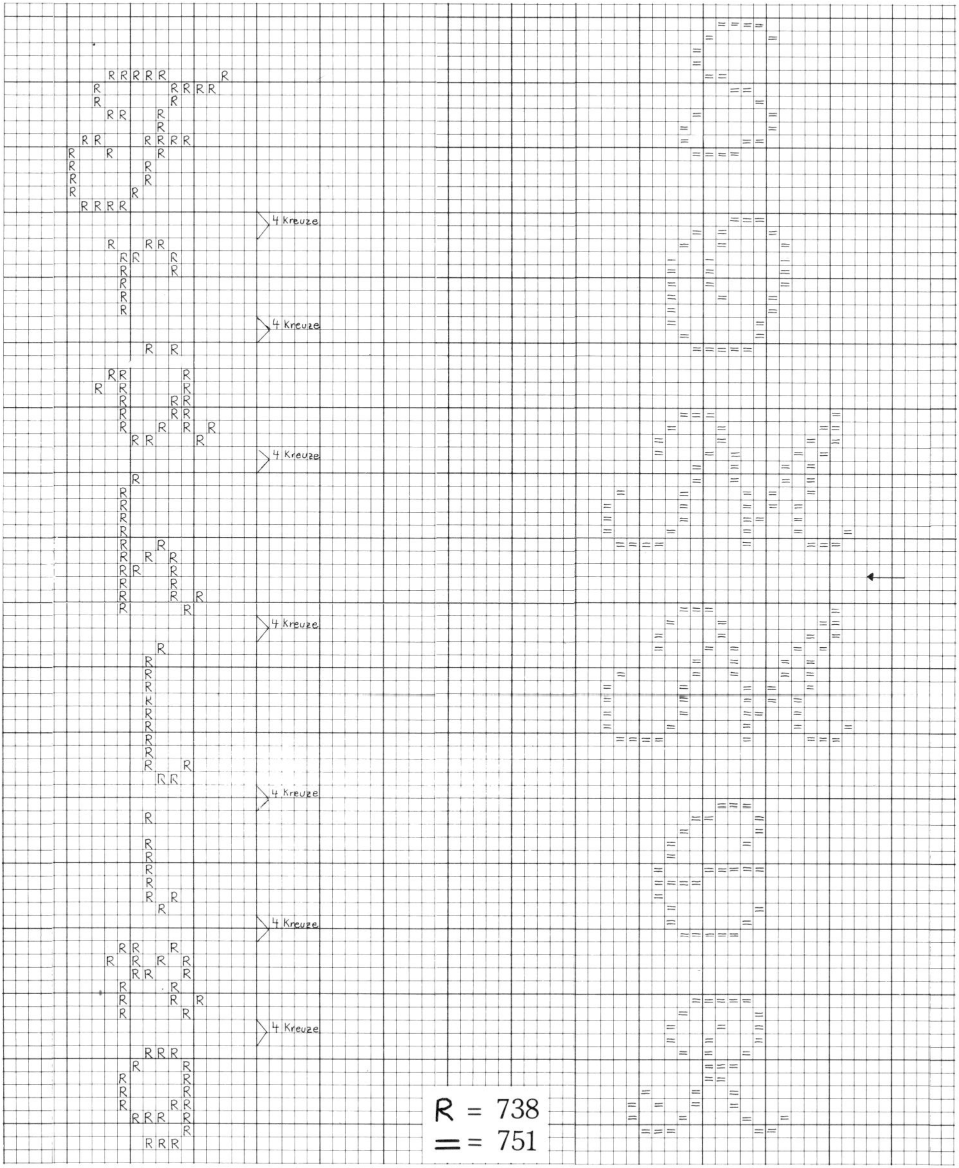
4 Kreuze
4 Kreuze
4 Kreuze
4 Kreuze
4 Kreuze
4 Kreuze
4 Kreuze
R = 738
= = 751

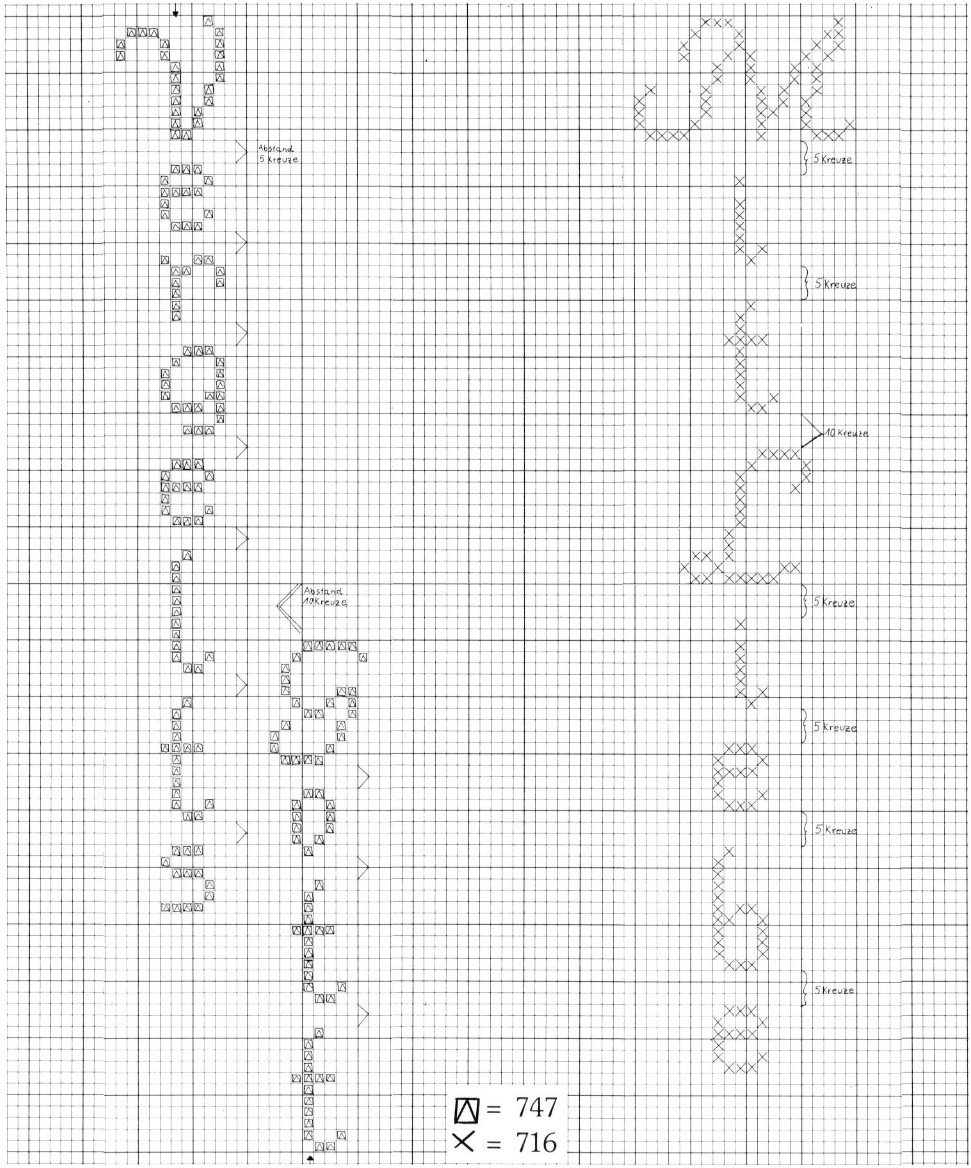
Abstand
5 Kreuze
Abstand
10 Kreuze
5 Kreuze
5 Kreuze
10 Kreuze
5 Kreuze
5 Kreuze
5 Kreuze
5 Kreuze
= 747
= 716

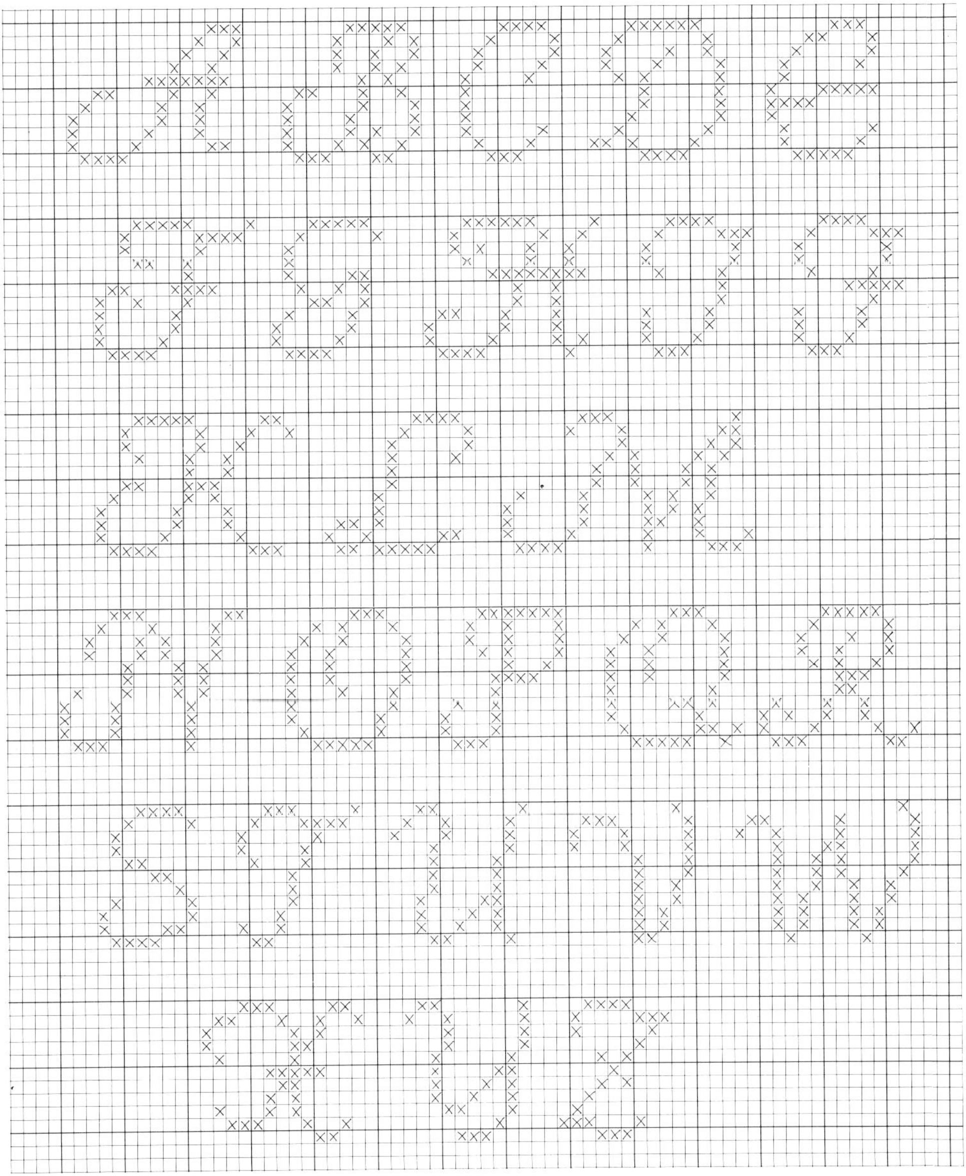

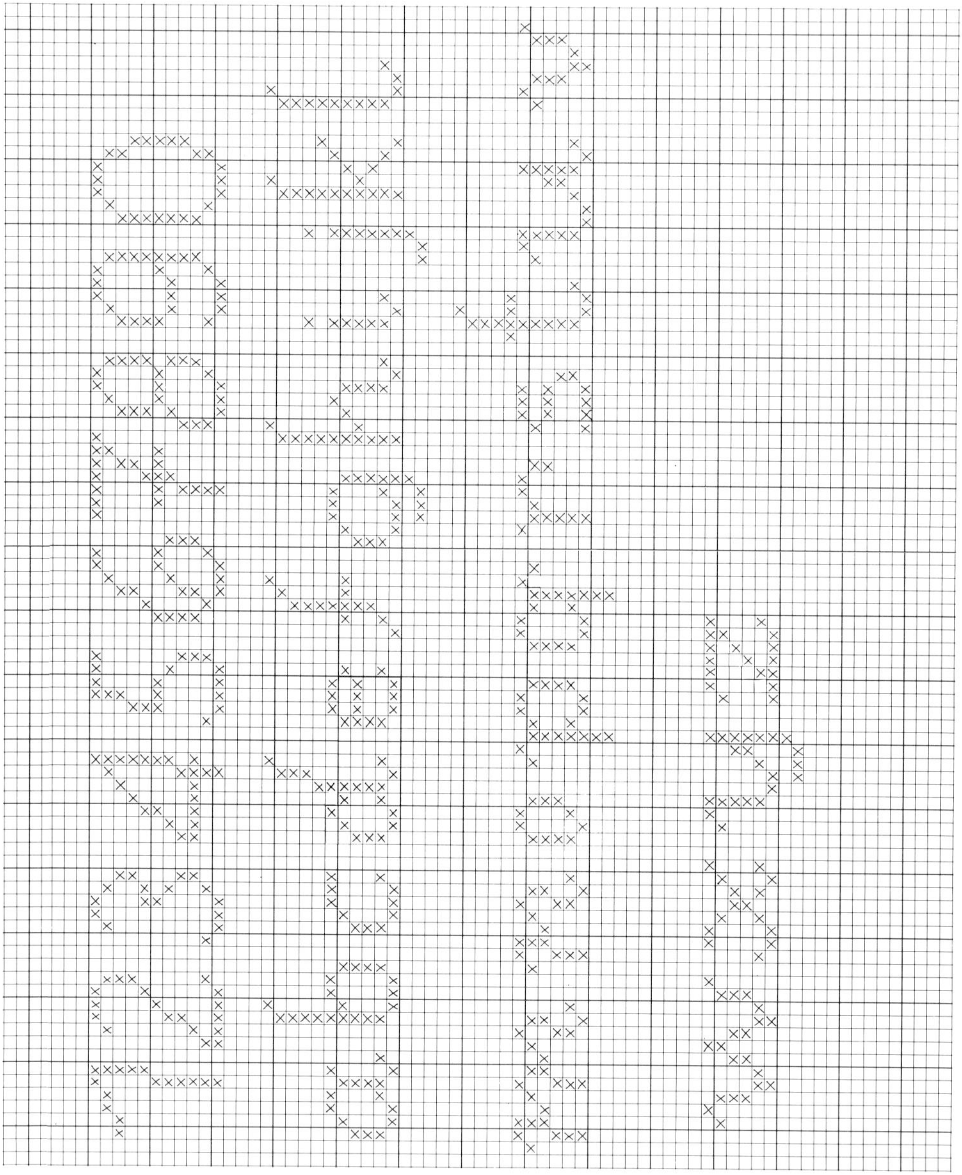

Farbenliste der HD-Garne von Uhlenhof-Stickereien

700 Natur
701 Weiß
702 Dunkelgrün
703 Hellgrün
704 Leuchtendgrün
705 Blaugrün
706 Graugrün, hell
707 Helloliv
708 Mittelgrün
709 Maigrün
710 Weihnachtsrot
711 Weihnachtsrot, hell
712 Orangerot, dunkel
713 Orangerot, hell
714 Orangerot, mittel
715 Lilarot, hell
716 Lilarot, mittel
717 Lilarot, dunkel
718 Rosa
719 Flieder, dunkel
720 Lila
721 Blaulila, hell
722 Blaulila, dunkel
723 Flieder, hell
724 Pink
725 Schwarzbraun
726 Dunkelbraun
727 Mittelbraun
728 Hellbraun
729 Rotbraun
730 Braunorange
731 Dunkelorange
732 Orange, mittel
733 Mandarine
734 Grünbeige
735 Beige
736 Hellbeige
737 Hellorange
738 Goldgelb
739 Mattgelb
740 Hellgelb
741 Blaßgelb
742 Gelbgrün
743 Helltürkis
744 Dunkelblau
745 Königsblau
746 Türkisblau
747 Königsblau, hell
748 Türkisblau, hell
749 Dunkeltürkis
750 Graublau, hell
751 Mattblau, dunkel
752 Mattblau, mittel
753 Mattblau, hell
754 Graubeige
755 Graubeige, hell
756 Blaugrau
757 Mittelgrau
758 Grüngrau
759 Schwarz
760 Graugrün, mittel
761 Weinrot
762 Graugrün, zart
763 Dunkeloliv
764 Mittelgrau, dunkel
765 Hellgrau
766 Lachs
767 Waldgrün
768 Himmelblau, hell
769 Hautton
770 Hellrosa

Bezugsquellen

Die Hersteller senden Ihnen auf Anfrage einen Bezugsquellennachweis oder leiten Ihre Bestellung an das nächstgelegene Fachgeschäft weiter.

Muster	Seite	Stoffe/Zubehör	Hersteller/ Lieferant
Glockenblume »Willkommen«	15	Leinenband, creme, 9,5 F, Breite 8 cm, Randfarbe 751	1 + 2
Teddybären mit Namen	17	Leinenband, creme, 11 F, Breite 6 cm, Randfarbe 711	1 + 2
Luftballons ABC »Zum Schulanfang«	19	Leinenband, creme, 11 F, Breite 18 cm, Randfarbe 701	1 + 2
Stilisierte blaue Blüten	20	Feinaidaband, reine Baumwolle Breite 3 cm, Randfarbe 711	1 + 2
		Baumwollstoff — amerikanischer Patchworkstoff	2
Stilisierte Rosen	20	Feinaidaband, reine Baumwolle Breite 5 cm, Randfarbe 707	1 + 2
		Baumwollstoff — amerikanischer Patchworkstoff	2
Vögelchen »Mein Liebling«	21	Leinenband, weiß mit Lochstreifen 6 mm, Breite 6 cm, Satinband farbgleich,	1 + 2
		Baumwollstoff — amerikanischer Patchworkstoff	2

Muster	Seite	Stoffe/Zubehör	Hersteller/ Lieferant
Bett »Ruhe! Ich schlafe«	25	Leinenband, weiß mit Lochstreifen 6 mm, Breite 10 cm, Satinband farbgleich	1 + 2
Tür »Zum Einzug«	27	Leinenband, creme, 9,5 F Breite 14 cm, Randfarbe 707	1 + 2
Stilisierte gelbe Blüten	28	Leinenband, natur mit Lochstreifen 6 mm, Breite 10 cm, Satinband farbgleich	1 + 2
Osterhäsin »Frohe Ostern«	29	Leinenband, meliert, 11 F, Breite 10 cm, Randfarbe 738	1 + 2
Schlüsselblumen »Frühling«	33	Leinenband, creme, 11 F Breite 12 cm, Randfarbe 738	1 + 2
Meise »Sommer«	35	Leinenband, creme, 9,5 F Breite 8 cm, Randfarbe 751	1 + 2
Drachen »Herbst«	37	Leinenband, creme, 11 F, Breite 12 cm, Randfarbe 711	1 + 2
Schneemann »Winter«	39	Leinenband, natur, 11 F, Breite 18 cm, Randfarbe 711	1 + 2
Schwalbenwurz-enzian »Vergelts Gott«	41	Leinenband, creme, 11 F, Breite 12 cm, Randfarbe 751	1 + 2

Muster	Seite	Stoffe/Zubehör	Hersteller/ Lieferant
Stilisierte lila Blüten	42	Leinenband, weiß mit Lochstreifen 6 mm, Breite 10 cm, Satinband farbgleich	1 + 2
Alpenveilchen »Danke«	43	Leinenband, creme, 9,5 F, Breite 8 cm, Randfarbe 707	1 + 2
Edelweiß	47	Leinenband, durchgefärbt blau, 11 F Breite 8 cm	1 + 2
Kirche am Irschenberg St. Marinus und Anian »Urlaubsgrüße«	49	Leinenband, natur, 11 F, Breite 18 cm, Randfarbe 760	1 + 2
Leuchtturm Westerhever »Urlaubsgrüße«	51	Leinenband, natur, 11 F Breite 18 cm, Randfarbe 760	1 + 2
Maulwurf »Bin im Garten«	53	Leinenband, creme, 9,5 F, Breite 8 cm, Randfarbe 760	1 + 2
Rosen »Mit Liebe«	55	Leinenband, creme, 11 F, Breite 12 cm, Randfarbe 716	1 + 2
Weg in die Zukunft »Zur Hochzeit«	57	Leinenband, creme, 11 F, Breite 18 cm, Randfarbe 760	1 + 2

Muster	Seite	Stoffe/Zubehör	Hersteller/ Lieferant
Stilisierte Herzen »Gesegnete Weihnacht«	59	Leinenband, durchgefärbt grün, 11 F, Breite 8 cm	1 + 2
		Feinaidaband, reine Baumwolle, Breite 3 cm, Randfarbe 711	1 + 2
Stilisierte Tannenbäumchen »Frohes Fest«	61	Leinenband, durchgefärbt rot, 9,5 F Breite 10 cm	1 + 2
		Feinaidaband, reine Baumwolle Breite 5 cm, Randfarbe 760	1 + 2
Uhr mit Feuerwerk »Viel Glück 1994«	63	Leinenband, natur, 11 F Breite 18 cm, Randfarbe 718	1 + 2
Tomaten »Vati kocht«	65	Leinenband, creme, 9,5 F Breite 8 cm, Randfarbe 707	1 + 2
		Baumwollstoff — amerikanischer Patchworkstoff	2
Kuchen »Für Euch«	65	Leinenband, creme, 9,5 F Breite 8 cm, Randfarbe 716	1 + 2
Hahn und Hühner	69	Leinenband, creme, 11 F, Breite 12 cm, Randfarbe 707	1 + 2
Gänsepaar	69	Leinenband, durchgefärbt blau, 11 F, Breite 8 cm	1 + 2
Satinbänder		mehrfarbig und in verschiedenen Breiten nach Wahl	1 + 2

Hersteller-/Lieferantenanschriften:

1 = Uhlenhof-Stickereien GmbH & Co. KG
Diekstraat 7
D-2432 Kabelhorst (neu 23738)
Telefon: 04363/2800
Telefax: 04363/3196

ab 1. Oktober 1993 in 19217 Thandorf/
Mecklenburg-Vorpommern

2 = Farbe & Form
Gesellschaft für textiles Design mbH
Habichtshorst 9a
D-2360 Bad Segeberg (neu 23795)
Telefon: 04551/84550

ab 1. August 1993 in 23829 Kükels, Schwarzer Berg 16

In Frankreich/en France

La Trouvaille
Mme. H. Lehmann
5, Rue de la Commune
F-13210 St. Remy de Provence
Telefon: 90925058